COMPLETE DRAWING GUIDE

完全绘本

时装设计效果图手绘技法

李海兵 刘莹颖 著 （修订版）

长江出版传媒

湖北美术出版社

李海兵

1971年生于湖北武汉，汉族，硕士
1996年在湖北美术学院设计系任教
现为湖北美术学院服装设计系主任
副教授,本科毕业生指导教师
硕士生导师

中国服装设计师协会学术委员会委员
中国服装设计师协会工程委员会委员

2006年《服装结构设计》课程
参加省级精品课程评审
并被审定为院级精品课程

2009年国家教育部出国研修项目，
以访问学者身份赴意大利米兰
ISTITUTO di MODA BURGO服装学院访问学习

Contents
目录

学习方法

 人体造型

人体的动态变化丰富，但时装模特的姿态是有一定规律的。为了便于展示完整的时装款式，舒展挺拔的站姿最为常用。要表现出服装最佳的穿着效果，人物动态的选择非常重要，服装风格不同，动态也有所变化。

 时尚配饰

服饰配件是系列服装设计的又一要素，常常可达到协调系列的整体效果的作用。一方面在一组造型各异的系列中可以利用相同的配件协调整体，另一方面在造型相对统一的系列服装中可以利用不同色彩的配件来寻求变化。

 流行色彩

色彩对于时尚来说，是不可或缺的一个重要元素，色彩和服装的款式、面料都是同等重要。时尚的色彩搭配不仅让人眼前一亮，也让时装带给人更加强烈的视觉震撼。在选择服装的时候，流行色也是一个能让你走在时尚前沿的关键因素。

 创意设计

"独立之精神，自由之思想。"创意服装具有极大的超前性，强调新奇，淡化使用功能，强调艺术与风格，注重对造型和面料的开拓。

Preface
前言

时装效果图技法是服装艺术设计教学的重要基础内容之一，是服装设计工作过程中必须掌握的设计思维表现手段。时装效果图利用绘画的形式能直观地表现服装设计构思，是对时装产品DNA的预示及思维表达的前期呈现。设计师不仅通过时装效果图表达每套服装的款式、色彩、面料质感、结构，同时也具有其独有的艺术审美价值。它强调动手能力与服装专业设计思维能力的实训培养过程，要求在学习过程中抓住设计思维与表现同步的关键环节。

全书共分四章，第一章介绍时装效果图的概念、特点、学习方法及常用工具；第二章讲解时装效果图的人物造型基础，主要包括人体结构和服装款式的画法；第三章详细地讲解时装效果图的各种表现技法；第四章讲解时装效果图的应用实例。

本书作者在近几年的服装设计与教学工作中，总结了一套适合服装设计教与学的快速时装效果图表现技法，使学生通过艺术作品基础的人体结构、服装款式的审美性训练能快速掌握时装效果图的表现技法，能够在服装设计中加以灵活运用。通过阶段性、目标性的学习逐步完成实训教学目的，在整个教学过程中了解服装艺术美学的真正含义，提高其对艺术审美的认知水平。

衷心地感谢湖北美术学院领导的支持及服装设计系老师的帮助；感谢为这本书提供优秀作品的师生；感谢湖北美术出版社为此书提出了宝贵的意见，有效地提高了本书的质量。由于本人水平有限，不足之处，恳请广大师生和各位专家批评指正，以期再版修订。

第1章　时装效果图概述

学习计划：

通过本章节的学习，使学生了解时装效果图的概念及特点。1. 认真比较时装效果图、设计草图、时装画的区别；2. 学习时装效果图的表现方法；3. 准备好必要的绘画工具。

1.1　时装效果图的概念及特点

什么是时装效果图呢？简单讲是用绘画的形式直观地表现服装的设计构思、结构及工艺，是对时装设计产品较为具体的演示。绘制时装效果图能够使设计师在制作服装之前对每套服装的款式、色彩、面料质感、纹样、制作工艺等细节做到心中有数。

时装效果图采用的是绘画的表现形式，但和纯粹的时装画是不同的。时装画是以时装为题材的绘画作品，注重人物及时装营造出来的画面效果和气氛，强调绘画技巧的表现。而时装效果图是设计构思的视觉表现，其重点是服装本身，如服装的款式、色彩、面料、工艺及时尚元素的准确表达，它是设计构思与成衣制作之间的重要环节。在绘制时装效果图时可以适当追求一些个人绘画风格，但要明确这些都是为了更好地烘托服装本身。当然，时装效果图也不等同于设计草图，设计草图是设计灵感的快速捕捉，比较概念，有时只有自己能够看得懂，而时装效果图必须让成衣制作者及顾客也能明白，因此在表现上与设计草图相比更加严谨、细致、完整。(图1-1-1、图1-1-2)

图1-1-1　时装画　程轶

图1-1-2　时装草图

时装效果图是快速、便捷、完整地表达设计意图的最佳载体，表现方法较为多样，可以采取写实、写意或装饰等绘画风格来表现。因此，熟练地运用各种技法绘制时装效果图是服装设计师应具备的基本功。（图1-1-3～图1-1-5）

图1-1-3　写实风格的时装效果图

图1-1-4　写意风格的时装效果图

图1-1-5　装饰风格的时装效果图

随着现代生活节奏的加快，时装设计也需要快速的手法表现。在本书中有较多作品是用马克笔及彩铅配合完成的。这两种工具与常规的上色工具如水粉或水彩颜料相比，使用起来更加方便、快捷，是较为理想的效果图快速表现工具。当然在某些时装细节和风格的表现上，水彩及水粉更能烘托画面的绘画艺术氛围。本书在人物的刻画中，着重强调人物的肢体动态及时装本身的表现，而面部的刻画则较为简略，这样更有利于时装效果图的快速表现。因此，我们根据不同的表现目的来选择适当的绘画工具及表现手法。（图1-1-6）

1.2　时装效果图表现技法的学习目的及方法

时装效果图是服装设计师创作构思的表现形式，与其它的设计专业相同，设计构思首先需要用绘画形式来实现，将设计灵感通过直观的视觉形象表现出来，预示成衣在人体上的穿着效果，表现设计从构想到实物的过程。学习时装效果图的方法如下：

1. 人物造型基础：通过速写等基础训练不断提高人体结构造型的表达能力。

2. 对服装结构的充分了解，对各种服装款式进行写生。具体操作：把服装平铺整理整齐后进行写生，从中仔细观察服装款式的比例、结构、工艺等特点，并详细地把它描绘出来，如服装各部分的款式形态、褶裥省道、结构线、装饰线等。对服装款式图绘制的熟练掌握是服装工业化生产的必要技能。

3. 对优秀时装效果图和时装摄影作品的临摹。这种方法对初学者非常有效，重点是对人物造型和表现技法的学习。

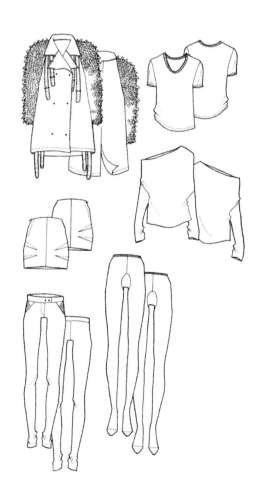

图1-1-6　效果图快速表现

1.3　时装效果图的常用工具

绘制效果图，首先要准备好所需要的各种工具，主要有：纸、笔、颜料、画板、胶带等。

1. 纸张。用于绘制时装效果图的纸张一般有：打印纸（多用于草图）、素描纸、水粉纸、水彩纸（彩色效果图常用）、白卡纸及各种有色卡纸、底纹纸。

2. 颜料。常用的有两种，一种是水彩颜料，其特点是覆盖力较弱。另一种是水粉颜料，其特点是覆盖力较强。

3. 其他辅助工具。画板、调色盘、水桶、拷贝纸、胶带等。

4. 笔。绘制时装效果图的用笔主要有三种：即画初稿用的铅笔、涂色用的毛笔、勾线用的勾线笔。

（1）画初稿用的铅笔：常用的是软硬适中的铅笔，或者自动铅笔。（图1-3-1）

（2）涂色笔：白云毛笔（圆头毛笔）、水粉笔（扇头毛笔）、水彩笔（分圆头和扇头两种）、马克笔（分水性和油性）、彩铅（分水溶性和非水溶性）、油画棒。（图1-3-2～图1-3-7）

（3）勾线笔：勾线笔分两种，即硬线笔和软线笔。硬线笔有针管笔（粗细分0.05mm至0.9mm）、速写钢笔（也称弯尖钢笔）、纤维笔等，软线笔有衣纹笔、叶筋笔、小红毛等。（图1-3-8）

图1-3-1　铅笔

图1-3-2　水粉笔

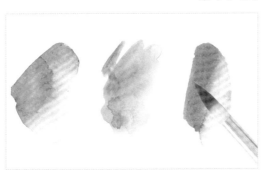

图1-3-3　水彩笔

图1-3-4　马克笔

图1-3-5　马克笔与彩铅

图1-3-6　彩铅与水溶性彩铅

图1-3-7　蜡笔

图1-3-8　铅笔与针管笔

第2章 时装效果图的人物造型基础

学习计划：

通过本章学习，掌握时装人体的结构比例及各种人物动态、服装款式、配件的画法。1. 将时装人体和实际人体的结构比例进行全面的比较；2. 掌握服装与人体的关系及变化规律。

2.1 人体结构

服装的设计要依据人体特点来进行，对人体结构的了解是学习绘制时装效果图的重要基础。画人体时，我们要了解其结构、骨骼、肌肉、人体比例关系等基本要素。

2.1.1 了解人体的大形

我们可以把人体各部分用不同的几何形态进行归纳和概括，这样有助于观察并理解复杂的人体。如图：人体的头部看作鸭蛋形，颈部为圆柱体，肩胛为三角形，胸部和臀部为梯形盒状体，各个关节为小球体，上臂为细圆柱体，下臂为细圆锥体，大腿小腿都为圆锥体，手为菱形，脚为锥形。（图2-1-1）

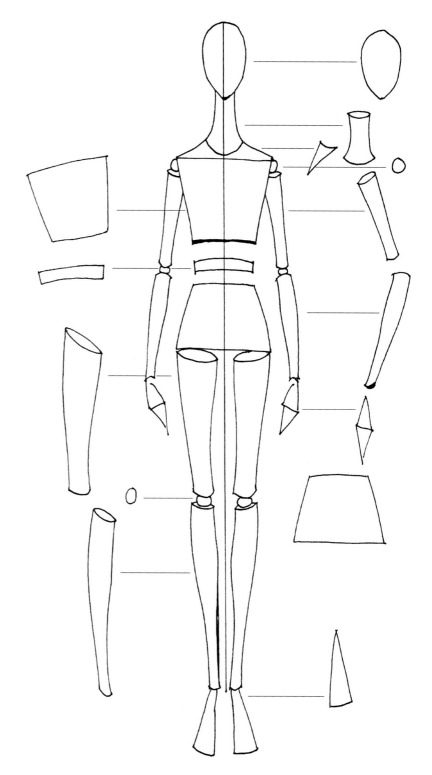

图2-1-1 人体结构中的几何形态

2.1.2 时装人体的比例结构

时装设计从某种意义上来讲是一种夸张的艺术，时装效果图中的人体比例是理想化的，它比实际人体更长、更苗条。在效果图绘制中，人体高度多为8个半到10个头长，其中特别强调四肢的长度，目的在于突出服装，满足视觉上的美感需求。

我们以头的长度为标准单位来比较女性人体各部位的比例关系。如图：先从纵向进行测量，脖子为大半个头长，人体肩线到腰围线即上半身为一个半头长，上下手臂均为一个半头长，当手臂自然下垂时胳膊肘与腰线水平，手指尖位于大腿中部，手掌为一个头长，腰围线到臀围线即臀长为一个头长，臀围线到膝盖即大腿为

两个头长，膝盖到脚踝（即小腿）为两个头长，脚为一个头长，与实际人体相比，拉长的部位主要是脖子与四肢，特别是下手臂与小腿。从横向进行测量，以头的宽度为测量标准单位，肩宽为一个半头宽，腰宽一个头宽，臀宽与肩宽一致。

（图2-1-2）

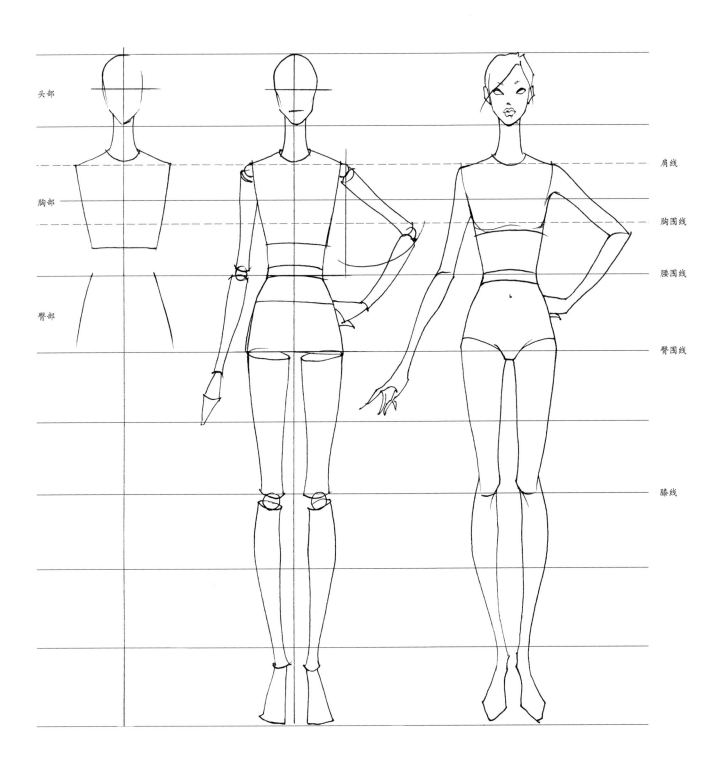

头部

胸部

臀部

肩线

胸围线

腰围线

臀围线

膝线

图2-1-2 女性人体比例

男性与女性身体相比较，不同点如图所示：男性比女性高半个头，也就是上半身比女性多半个头，颈部较粗，肩宽为两个半头宽，腰宽为一个半头宽，臀宽为一个半头宽，整个上半身为倒三角形，身体各部分肌肉线条非常明显，体态健壮。（图2-1-3～图2-1-5）

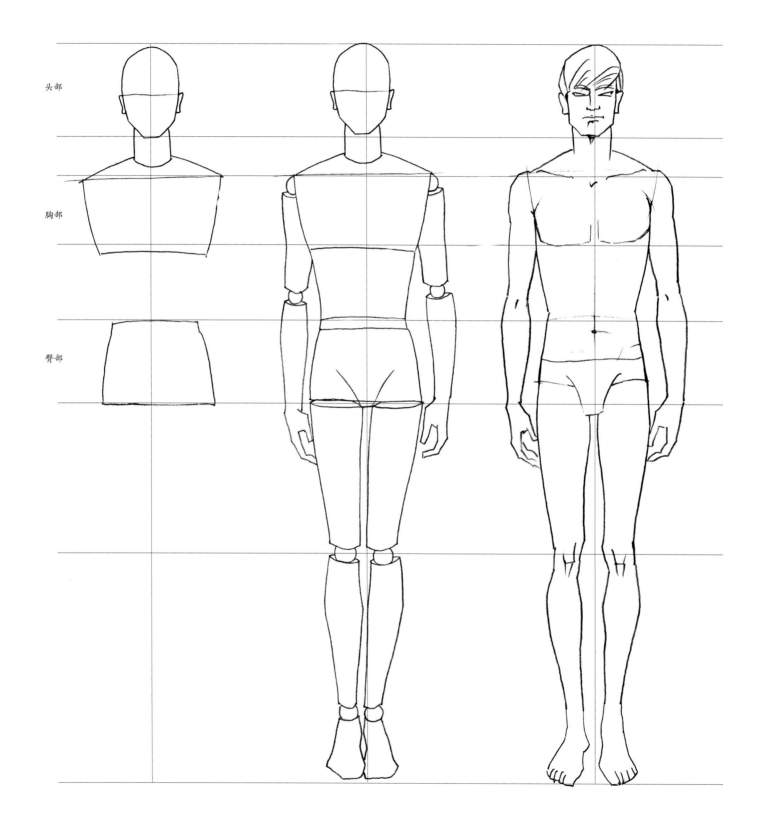

头部

胸部

臀部

图2-1-3　男性人体比例

图2-1-4　男女性人体比较

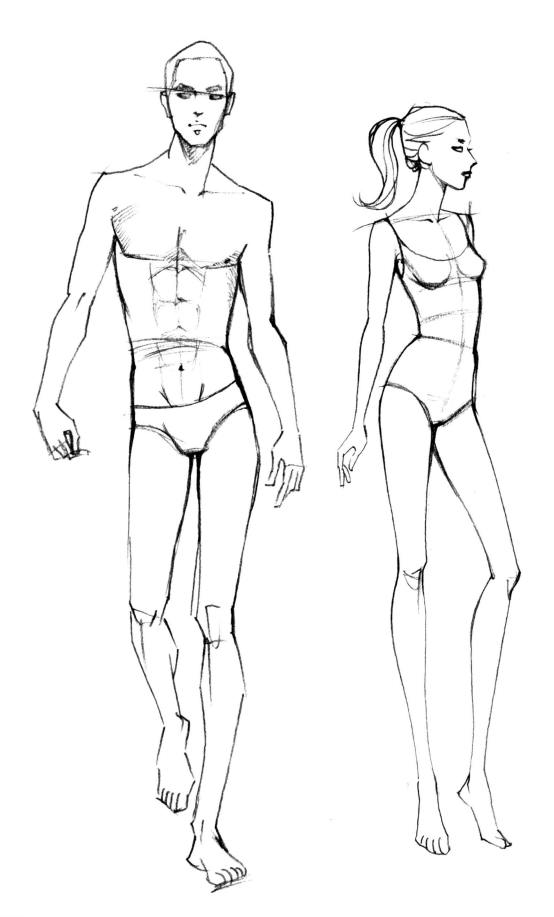

图2-1-5　男女性人体比较

2.1.3　人体的不同姿态分析

描绘人体动态最基本的是要掌握人体重心的平衡。如：一个站立的放松姿态，必须将身体重心的平衡点落在其中一只脚上。承受重量的脚应画在颈窝的正下方，躯干承受重量的一侧髋部提起，骨盆向不承受重量的一侧倾斜。由于骨盆倾斜，胸廓和肩膀向身体受重一侧放松，从而使躯干的垂直线弯曲，保持人体的平衡。头、颈、臂及不受重的腿均是自由的，可以展现各种各样的姿态。效果图的动态要注意肩斜线、腰线和髋部斜线的关系及中心线微妙的S形变化。单腿支撑的站姿正好形成稳定的三角形构图。将头、颈、胸及手臂的角度最大幅度地拉伸强调动势。手臂与手掌的关系也是人物动态中不可忽视的细节。（图2-1-6～图2-1-8）

图2-1-6　人体的重心线与动态线

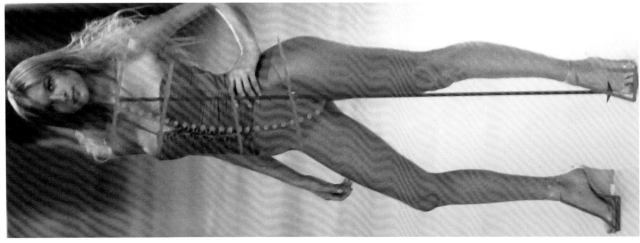

1. 模特人体动态特点分析

2. 肩线、胸围线、腰围线、臀围线及中心动态线的确定。

3. 根据各动态线画出主干躯体

4. 画出手臂动态，完成基本人体动态的绘制。

图2-1-7　人体画法步骤图

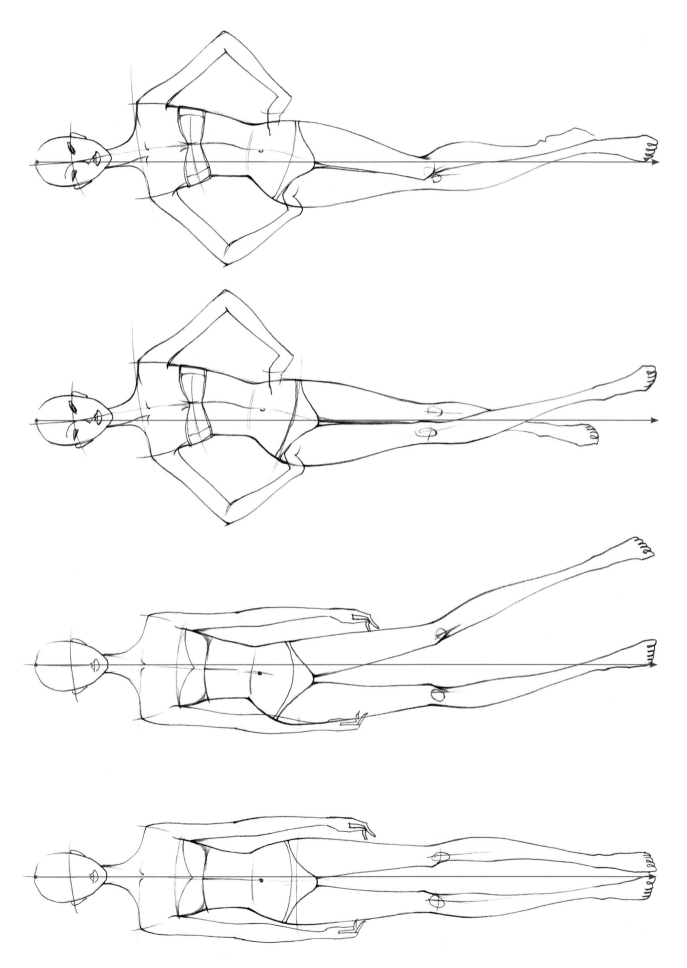

图2-1-8 人体的重心线

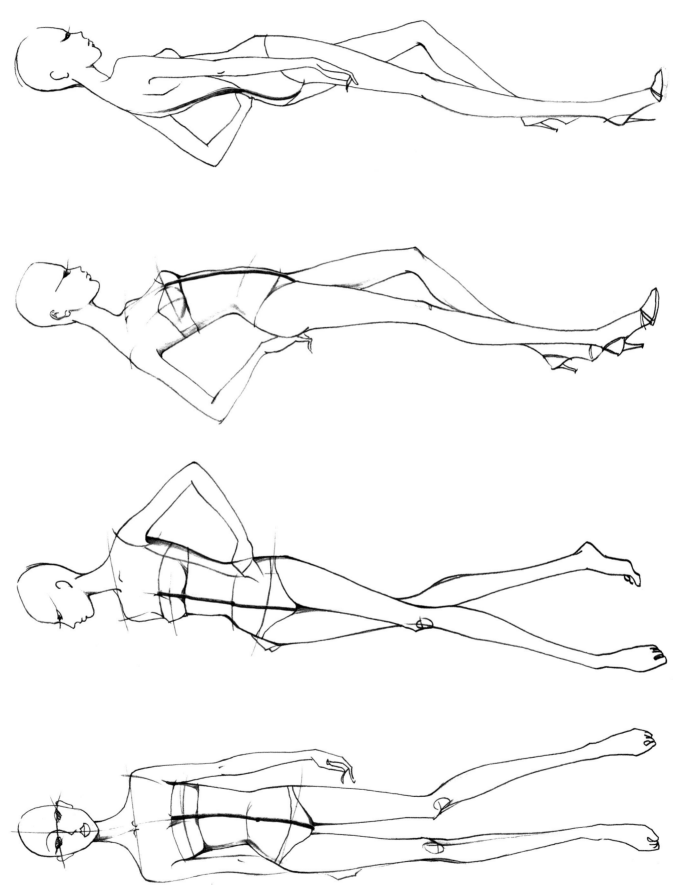

图2-1-9 转动人体

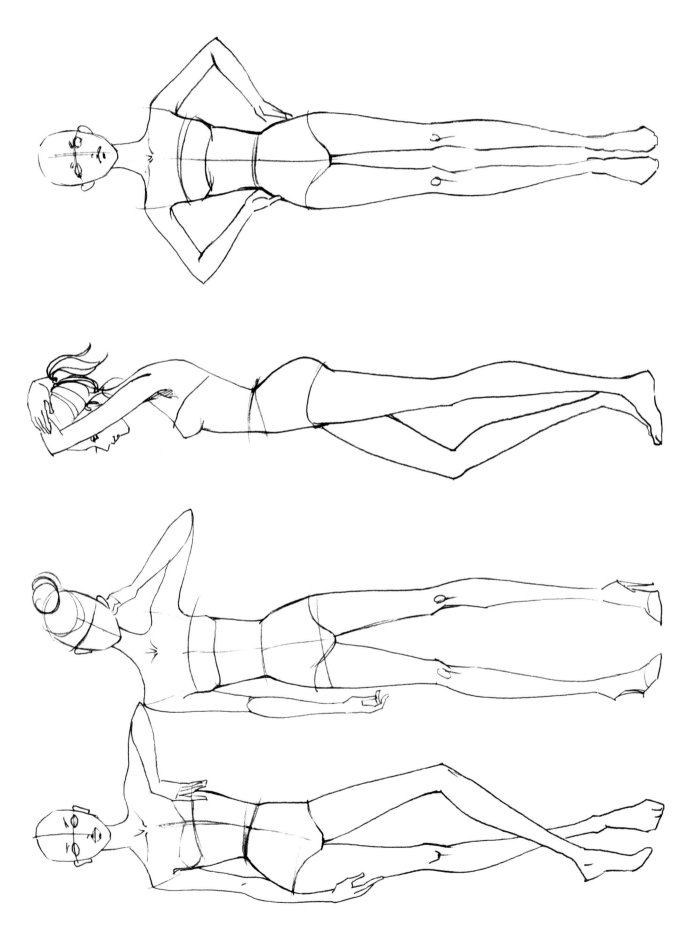

图2-1-10 自然的人体动态

图2-1-11　自然的人体动态

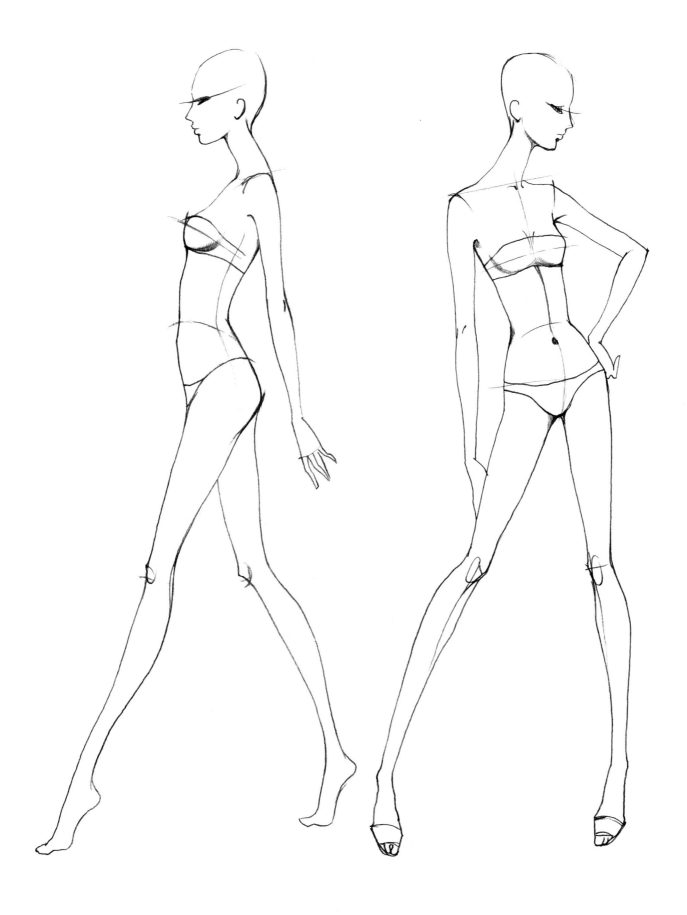

图2-1-12　自然的人体动态

人体的动态变化丰富，但时装模特的姿态是有一定规律的。为了便于展示完整的时装款式，舒展挺拔的站姿最为常用。要表现出服装最佳的穿着效果，人物动态的选择非常重要。不同的服装风格，动态有所变化。随着人物角度的变化，比如仰视或俯视，适当夸张局部的比例更符合视觉要求，能增强画面形式感。但除了角度外，时装画的人物动态还需要根据时装的风格以及所设计服装的精神来决定。风格端庄的服装，我们选择动作幅度较小的站立姿态；风格活泼的服装，我们选择身体扭动较夸张的动态。除此之外，为了突出服装款式的设计重点，我们可以选择侧身、背面、坐姿等动态来表现。因此，只有选择适合的人体动态才能将设计意图充分地体现出来。（图2-1-13、图2-1-14）

图2-1-13 人体的坐姿

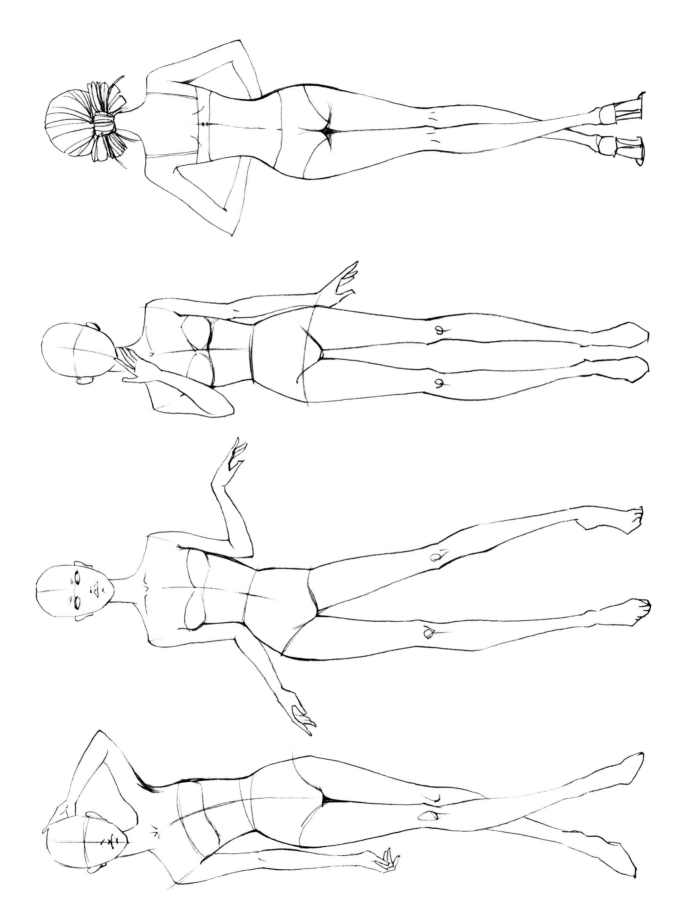

图2-1-14　时尚的人体动态

把两个及两个以上的人物动态进行组合时，画面构图要注意视觉的均衡感、节奏感及层次感。如不同角度的各种姿态组合，动态与静态的组合，坐姿与站姿的高低组合等。（图2-1-15～图2-1-18）

人物动态是时装展示的基础，合适的动态塑造出来的个性化形象能更好地体现时装的神采。生动的人物动态可以打破呆板的画面构图。通过人物动态的变化与组合，

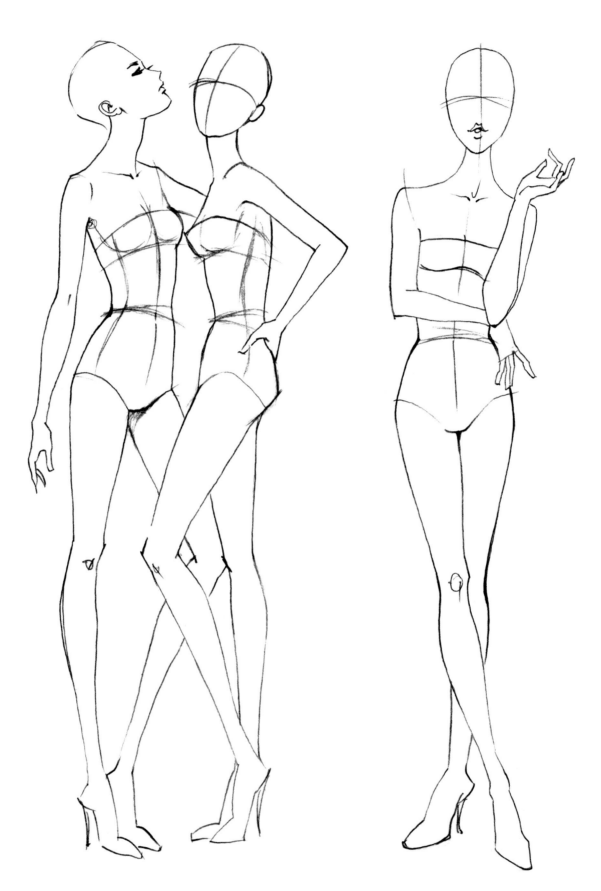

图2-1-15　人体动态组合

画面会富有节奏感，从而增强形式美感。

　　动态除了整体动态造型以外，局部的姿态表现也很重要。比如，手部、颈部的姿态能加强时装画的某种氛围。生动的人物神态表现了人物的精神内涵，并能体现时装的风格。就像我们要求模特表现不同风格的时装要用不同的肢体语言一样，刻画穿着浪漫型的时装与穿着前卫型的时装的模特神态是不同的。

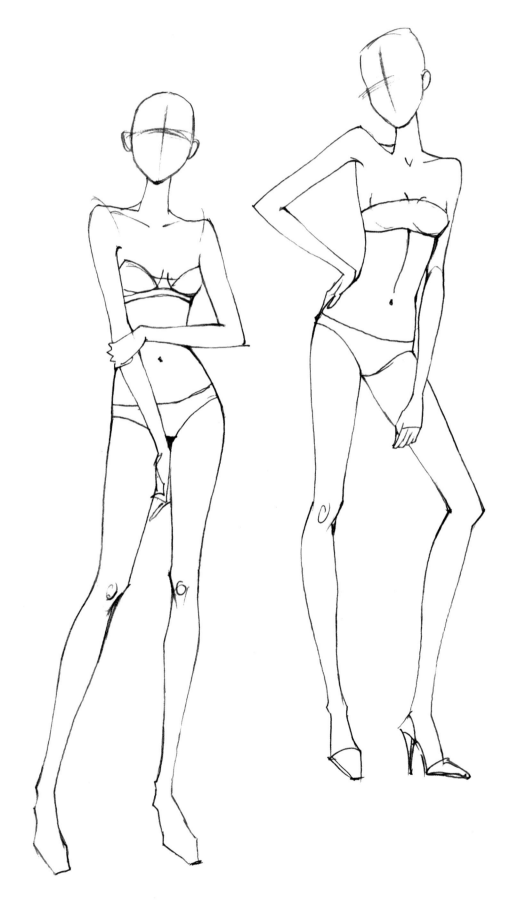

图2-1-16　人体动态组合

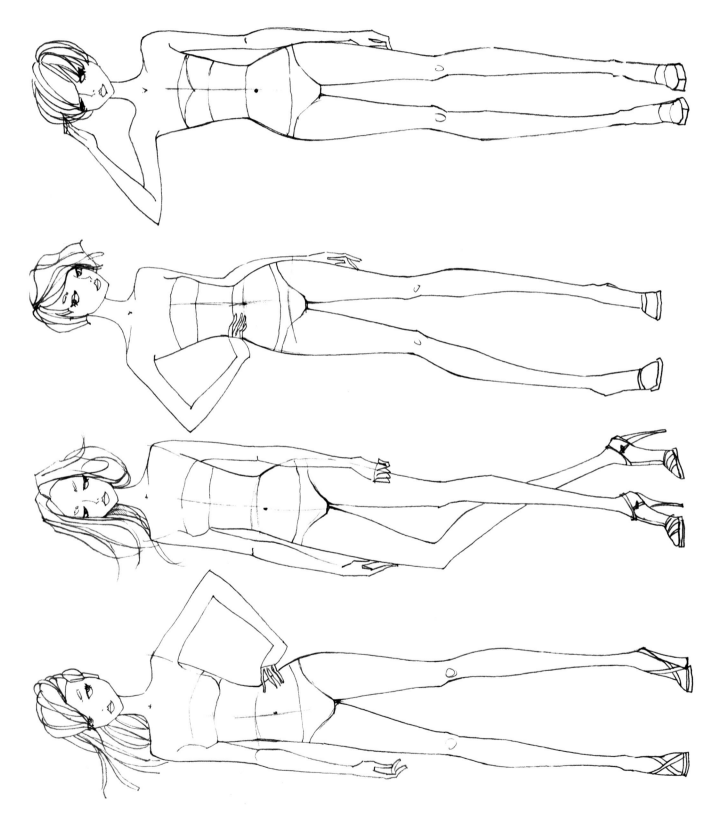

图2-1-17 人体动态组合

图2-1-18　人体动态组合

2.1.4　人体局部的画法

1. 眼睛、嘴、鼻的画法

眼睛是人面部表情中最传神的部分，眼睛的变化能直接反映出人的内心情感。时装画中的不同风格往往是通过眼睛神态及人物动态的刻意夸张来表现的。女性眼睛的画法如下：首先画出眼睛的大概轮廓及眉毛的位置，然后画出双眼皮，同时加深上下眼眶，最后刻画瞳孔的光感，勾出眼睫毛（注意睫毛方向是由里到外，由粗到细），以及晕染眼影。其中画眉毛时眉头处毛发较稀，根根分明，眉中较为浓密、柔顺，眉梢淡而纤细。在表现不同眼睛方向时，透视变化要准确，眼形和眉形要随着不同的角度而改变。

嘴巴可以反映人的表情变化，画嘴唇需要注意以下几点：一是嘴唇较深的地方是唇裂线、嘴角及下嘴唇底部的小凹槽；二是效果图中模特的嘴唇较为丰厚、性感；三是要注意嘴唇的立体感及光感的明暗虚实变化，体现嘴唇的润泽。

时装效果图中人物的鼻子是脸部五官中最为省略的，只需要简略地勾出鼻梁及鼻孔的位置和影调，省去鼻翼结构，这样的鼻子显得更为秀气。(图2-1-19)

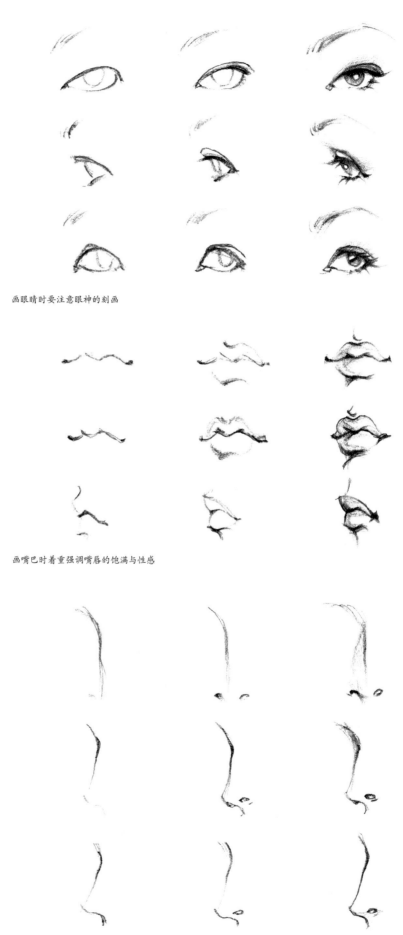

画眼睛时要注意眼神的刻画

画嘴巴时着重强调嘴唇的饱满与性感

鼻子是脸部五官中最多概括简化的部分

图2-1-19　眼、嘴、鼻的画法

2. 整体五官

表现整体五官要注意透视关系及风格搭配的协调。不同的角度，五官及脸部的透视变化要一致。如仰视时，眼角、眉梢、唇角方向同时向下，眼睛和眉毛的距离增大，鼻孔的形状更加完整，下巴变平。不同个性表情脸的特点、不同风格的美是如何体现的，这都需要平时在生活中对人物面部的细心观察。

不同的人种其五官和脸型的特点是不一样的。西方人的脸部轮廓较为立体，颧骨较高，眼窝较深，鼻梁挺拔，有一种雕塑的美感。东方人则脸部较宽平，鼻梁低，眼皮较厚，单眼皮较多，给人柔和亲切的感觉。（图2-1-20）

图2-1-20 不同的五官表情

3. 发型

发型是效果图中人物的一个重要环节，不同的服装风格人物发型各异。发型的种类有长发、短发、直发、卷发、盘发。由于头发千丝万缕，柔韧多变，对于初学者来说有一定的难度，很容易把头发画成一团乱麻。因此要抓住发型的特征，用适当的概括、分组归纳的方法表现。画长直发型时要注意整体外形的流畅，靠近耳朵的内侧头发较密集，再略画几缕飘逸的发丝穿插其中。画卷发时要注意线条的灵动变化和疏密关系，画出头发的蓬松和体积感。画扎辫发型时头发的分组非常重要，先分大组再分小组，用笔简洁，保持整体的疏密关系。（图2-1-21、图2-1-22）

图2-1-21　不同风格造型的发型

图2-1-22　不同风格造型的发型

4. 头部整体形象造型

人物头部的整体造型包括：妆容设计、发型设计及饰品设计。生动的人物形象能给整体服装造型起到画龙点睛的效果，极大地增强效果图的艺术感。人物的气质形象多样，有浪漫、温和的淑女形象，有高贵大方或神秘妩媚的贵妇形象，有性感慵懒的少妇形象，还有稚气未脱、天真浪漫的少女形象。人物形象的塑造离不开人物的表情神态刻画，不同神态的表情能使人物的气质、性格更加鲜明。（图2-1-23）

图2-1-23 头部整体造型

5. 手

男性的手比女性方硬，骨骼较明显，手指也较粗。

（图2-1-24）

时装效果图中，女性的手纤细而优雅，骨骼较小，手指修长，是在正常手的基础上经过适当夸张而完成的。效果图中手的重点在姿态，是现实中手的美化。在画女性手时，把手分为手掌和手指两部分，先轻轻地画出手势的基本形态，再画出最突出的手指和其他手指。

（图2-1-25、图2-1-26）

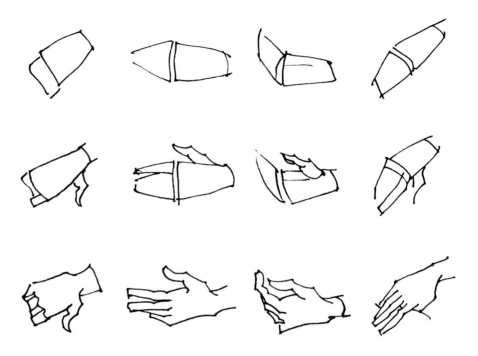

图2-1-24　男性不同姿态手的画法

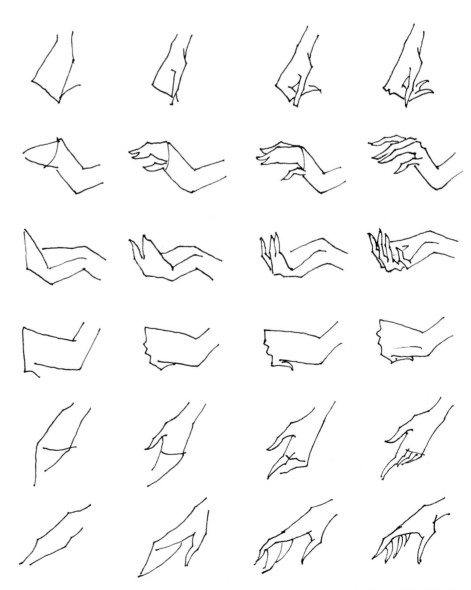

图2-1-25　女性不同姿态手的画法

6．脚

画脚时比实际长度长，接近头的长度。在表现女性脚时，脚形应该优美，脚踝柔韧。脚由脚趾、脚掌及脚跟组成。正面方向的脚在透视上往往比较难把握，因此我们在绘制时用大的几何形态概括，舍去细小的结构变化，力求简洁。在效果图中，脚往往以鞋的造型体现出来，高跟鞋能很好地表现出女性脚的线条美感及小腿挺拔的形态。在绘制时，先勾出脚的大形，画出脚踝、脚跟及脚趾等部位的关系线，特别是正侧面脚弓的曲线，然后再画鞋的结构与细节，最后调整鞋和脚的关系到一种和谐的状态。（图2-1-27）

7．手臂与腿

手臂是由上臂、下臂及手腕组成。画手臂时要注意以下几点：一是注意上下手臂的比例关系，下臂略长于上臂；二是手腕的表现要自然有力度，它是手部方向的引导；三是女性手臂要修长结实，线条略带肌肉的轻微起伏，肩头要方，有骨感。在表现不同的手臂动态时，要注意各骨点、肌肉线条的微妙变化及结构穿插的准确性。

腿由大腿、小腿及膝盖组成。画效果图时为了使人体显得修长，往往拉长腿部，特别是小腿的长度，但注意夸张适度，如果腿部太长，会导致比例失调，并且像"麻秆腿"。当然我们说的是较为写实的风格，如果是追求另类的表现手法，那又另当别论。（图2-1-28）

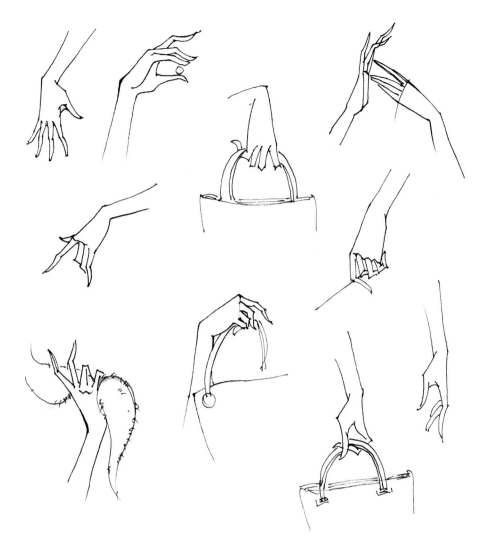

图2-1-26　不同动态手的表现

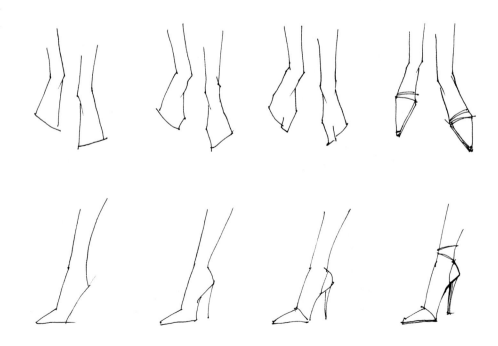

图2-1-27　脚的画法

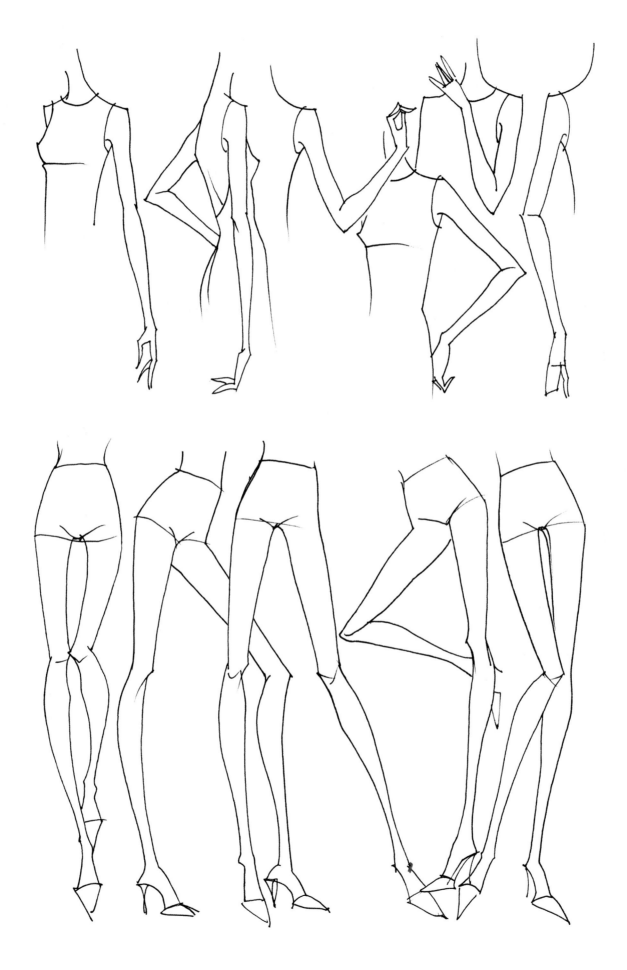

图2-1-28 不同动态的手臂及腿部画法

2.2　服装款式

2.2.1　服装和人体的关系

当服装被穿在身上时，会与人体发生离合变化的空间关系。一般来说，人体的肩、胯、肘、膝是支撑服装的主要支点，支撑点以外的地方会随着肢体的运动产生离合变化，从而产生了衣纹。衣纹一般有以下几种：衣服与皮肤紧贴处，特别是弹性面料；由于重力作用衣服下摆的垂直褶皱；身体各骨点之间运动时产生的衣纹，如腰胯、胳膊肘、膝盖等；服装由于人体大幅运动所产生的动态衣纹。不同软硬度的面料所产生的衣纹是不一样的，硬质面料的衣纹较少且较硬挺，柔软面料的衣纹比较繁多且圆滑。因此在绘制时装效果图时，应该通过描绘服装轮廓和衣褶动势来客观地反映人体的动态，将人体从服装中抽离出来，先画人体，再给它穿衣服。（图2-2-1～图2-2-3）

● 红点为支撑点

图2-2-1　不同的人体动态与服装的关系

图2-2-2　服装和人体的关系

图2-2-3　服装和人体的关系

2.2.2　服装局部的画法

1. 领部的画法

领子在上衣的变化中有着非常重要的作用，是衔接躯干和头部的重要装饰，也是上衣设计的重点。在画领子时，领口围绕着圆柱体的脖子，从而产生一定的空间厚度。胸围线、肩线及袖笼线是画领子的重要参考辅助线。领子的款式变化多样，如复古的中世纪百折领和翻领的混搭，画这种百折领时要注意归纳其排列的规律；再如休闲风衣的大翻领，绘制要点是强调翻领的领座和领子之间弯折的立体结构，这样才能使翻领显得较为精神；还有礼服的不对称低领、浪漫的花瓣领、层次丰富的荷叶边领、裘皮领等。（图2-2-4）

大翻领	斜襟领	不对称一字领
百折领	花瓣领	波浪领
大披领	裘皮领	荷叶边领

图2-2-4　领部的表现

2. 袖子的画法

袖子的画法比领子的难度要大，因为袖子的形态会随着手臂的变化而变化。袖子的种类很多：夸张的大灯笼袖，表现时要注意袖子的垂感以及和手臂产生的褶皱疏密关系；大泡泡袖，要注意肩部袖头泡松的体积感；羊腿袖，表现重点是上泡下窄的造型特征；连袖，绘制时要保持肩部线条的流畅；小折叠袖，要注意其折叠的层次规律及外形的准确性；除此之外，还有喇叭袖、有拼合结构的连袖、层次丰富的荷叶边袖、双层袖等。（图2-2-5）

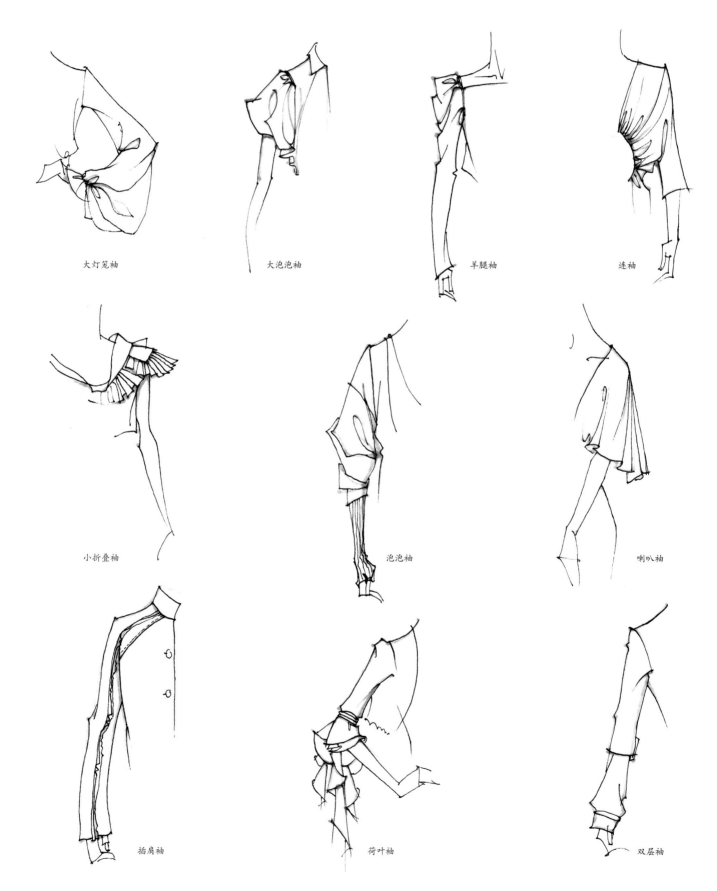

大灯笼袖

大泡泡袖

羊腿袖

连袖

小折叠袖

泡泡袖

喇叭袖

插肩袖

荷叶袖

双层袖

图2-2-5 袖子的表现

2.2.3　服装基本款式的画法

1. 背心的画法

背心就是无袖的上衣，随着时代的变化其款式也越来越多样，如：超短的夹克式背心，其外形挺括，结构清晰，在绘制时应注意款式中各部分的比例，边缘的线迹能增加背心的精致感；比较中性的碎荷叶边背心，重点表现胸前多层小碎花边的装饰美感；双领圈背心，其形态好像是两个背心叠加穿在身上，绘制时注意其前后的层次关系；局部拼接式背心，强调的是两种质感的疏密对比；古典优雅的半束腰式背心，要注意其结构款型的准确性；超低荡领背心，表现重点是其领形的悬垂造型。（图2-2-6）

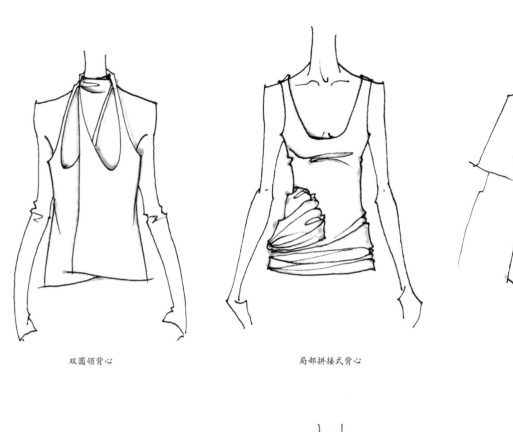
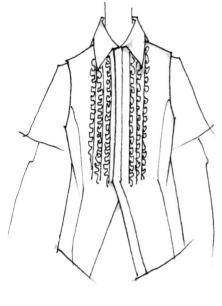

双圆领背心　　　　　　局部拼接式背心　　　　　　碎荷叶边背心

古典式背心　　　　　　荡领背心　　　　　　超短翻领背心

图2-2-6　背心的表现

2. 衬衣的画法

衬衣作为主要的日常穿着服装，款式设计越来越时尚创新。新工艺的开发及时尚元素的加入，使衬衣散发出别样的知性美。衬衣的主要款式有：不对称的抓缝衬衣、Y形荷叶边领的古典衬衣、性感的中缝破开式娃娃衬衣、蝴蝶结点缀的浪漫情调衬衣及双层套穿式衬衣。在表现这些衬衣时要抓住其款式的独特性和某些特殊结构的变化及不同面料质感的线条表现技巧。（图2-2-7）

古典衬衣　　　　　　　娃娃衬衣　　　　　　　不对称抓缝衬衣

浪漫情调衬衣　　　　　　两件套衬衣　　　　　　　不对称衬衣

图2-2-7　衬衣的表现

3．夹克的画法

夹克被认为是最具代表性、穿着搭配最方便多样的上衣款式。它的风格有很多种：古典的、现代的、中性的、另类解构的、干练短小的和休闲舒适的等。夹克的表现从整体来说线条较为挺括，款式结构清晰，细节变化也较为丰富，如领部的胸花装饰，衣身上复杂的结构线排列变化，皮带和纽扣的装点，领形、袖形及衣身的协调搭配，这些都是表现夹克的要点。（图2-2-8）

古典夹克

简洁夹克

休闲夹克

超短小夹克

军旅风格夹克

小礼服式夹克

图2-2-8　夹克的表现

4. 裤子的画法

裤子是日常穿着最主要的着装种类，其款式风格繁多，有长裤、短裤、灯笼裤、扩腿裤、裙裤、紧腿裤、毛边牛仔裤、长短双层裤等。不同的裤型其表现重点不同：萝卜紧腿裤特点是上松下紧，特别是裤腿下的多层堆积褶皱的刻画；长款的裙裤重点是表现裤腿的悬垂层次感；毛边牛仔短裤的绘制难点在于毛边形态的表现，其边缘为长短疏密不同的挑毛，中间露出的棉线相互穿插，具有秩序感。口袋是表现裤子款式的重要细节，夸张的口袋设计使短裤散发出时尚俏皮的味道。

（图2-2-9）

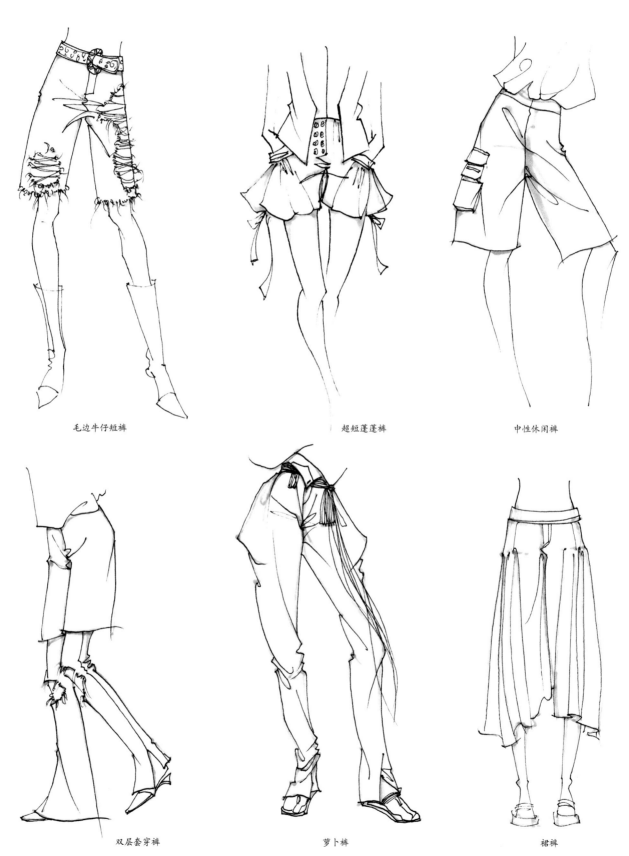

毛边牛仔短裤　　　　　　　超短蓬蓬裤　　　　　　　中性休闲裤

双层套穿裤　　　　　　　　萝卜裤　　　　　　　　　裙裤

图2-2-9　裤子的表现

5. 裙子的画法

裙子是最能体现女性特征的服装种类。按长度可分为：长裙、中裙和迷你裙。按款式有：直筒裙、A字裙、连衣裙、吊带裙和郁金香形裙等。半身裙的裙腰及裙摆是其款式表现的重点，带荷叶边的裙摆线条要流畅灵动，特别的腰部款式能使裙子显得格外精神。泡泡裙在表现时要注意体积蓬松感的刻画；郁金香形裙重点在其外形轮廓及褶裥的表现；连衣裙款式有时是在上半身的结构线分割，从而达到对人体的最佳修饰效果。（图2-2-10）

A字形泡泡裙

褶边裙

衬衣裙

超短裙

分割式连衣裙

郁金香形裙

图2-2-10　裙子的表现

6. 内衣及泳装的画法

内衣是女性最为性感的服装。与外衣相比，内衣更注重面料的舒适性、款式的结构性及工艺性。"内衣外穿"是当今非常流行的内衣穿着方式。内衣款式的时装化，与时装、休闲装的混搭是近年来的流行趋势。内衣的风格非常多样，有可爱甜美的家居风格、时尚简约风格、古典柔美风格、帅气中性风格、性感妩媚风格及解构另类的未来风格等。内衣的表现难点在于与人体的完美配合及款式细节的精致刻画。（图2-2-11）

沙滩风格　　　　　　　可爱风格　　　　　　　古典风格

时装风格　　　　　　　解构风格　　　　　　　性感风格

图2-2-11　内衣及泳装的表现

2.2.4　服饰配件的画法

服饰配件是系列服装设计的又一要素，常常可达到协调系列的整体效果的作用。一方面在一组造型各异的系列中可以利用相同的配件统构整体，另一方面在造型相对统一的系列服装中可以利用不同色彩的配件来寻求变化。

1. 鞋的表现

鞋是整体服装中必不可少的配件，它是使服装风格达到协调统一的重要部分。鞋的种类有很多，如运动鞋、休闲鞋、凉鞋、高跟鞋、靴子等。不同风格种类的鞋的表现方法不同。帆布球鞋鞋底为平板并且有一定的厚度，鞋面较软；高跟鞋注重表现鞋底与鞋跟之间的弧度；凉鞋注意概括脚趾形状；靴子注意脚踝处的褶皱表现。（图2-2-12）

图2-2-12　鞋的表现

2. 包袋的表现

包袋也是服饰表现的重要配件。包的种类较多，有提包、挎包、背包等。包的款式风格及面料材质也较为丰富，有休闲的皮包，搭配礼服的裘皮小拎包，复古风格的牛皮印花提包，时尚简洁的光面提包，印有图案的休闲布包等。在包袋的表现中其款式和材质的表现较为重要。（图2-2-13）

图2-2-13 包袋的表现

2.3　时装效果图的色彩

色彩是时装效果图的一个重要组成部分。自然界中的色彩是千变万化的，色彩的变化主要由色彩的四个要素——色相、明度、纯度及心理要素——色性来决定。

1. 色相

色相即色彩的相貌，是一个颜色区别于其他颜色的特征。色相分为有彩色系和无彩色系，无彩色即黑、灰、白系列，是没有纯度的颜色。一般来说，有彩色12色相环中的各色都有较明确的色相，它们均有很鲜明的色彩倾向。

2. 明度

明度是指色彩的明暗或深浅。纯色本身就有明度变化，比如：在有彩色系中，黄色明度最高，紫色明度最低；在无彩色系中，白色明度最高，黑色明度最低。

3. 纯度

纯度是指色彩的鲜艳度或饱和度，也叫彩度。从理论上讲，三原色纯度最高，间色次之，复色、再复色则纯度逐渐降低。

4. 色性

色性是指色彩的冷暖倾向。色彩的冷暖是相对而言的，任何一个颜色的冷暖感觉是由周围色彩的对比决定的。如绿色与黄色相比偏冷，与红色相比更冷，而与蓝色相比它又偏暖。在同类色相中，如黄色，柠檬黄要比中黄冷，中黄则比橙黄冷。

5. 服装色彩的配置方法

基本色调的设定，如：红色调、绿色调、黄色调、棕色调或红紫色调、蓝绿色调、黄绿色调等。每一种色调中的颜色均可以有色相、明度、纯度及色性的变化，使色彩层次更加丰富。

（1）同类色调和，一般指单一色相系列的颜色，如黄色系、蓝色系、绿色系等。同类色因色相单纯，效果一般，极为协调、柔和。

（2）邻近色调和，如黄色与绿色，蓝色与紫色等。邻近色因色相相距较近，也容易达到调和，而且色彩的变化要比同类色丰富。

对比色的配置，如黄和紫、橙和蓝、红和绿、黑与白对比最为强烈。对比色的效果活泼、刺激，变化丰富，在应用时要注意色彩的调和与统一。（图2-3-1～图2-3-6）

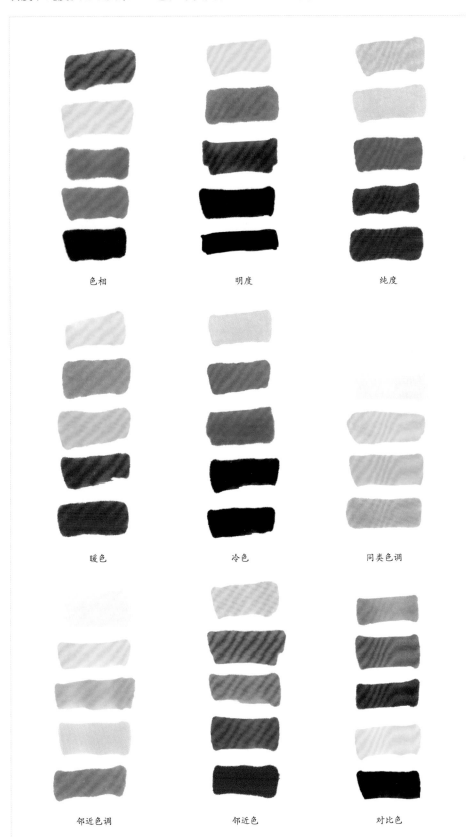

色相　　　　明度　　　　纯度

暖色　　　　冷色　　　　同类色调

邻近色调　　　邻近色　　　　对比色

图2-3-1　色彩的三要素及配置

图2-3-2　冷色调搭配

图2-3-3 暖色调搭配

图2-3-4　小清新的自然色系搭配

图2-3-5　无色系与暖彩色系的搭配

图2-3-6　红与绿的低纯度互补色搭配

2.4　时装效果图的影调与色调

时装效果图中影调的表现主要是为了突出服装及人体的立体感和生动性。我们在进行影调的表现时，首先要假定一个光源照射在服装上。比如光源从左上角投射时，那么在时装人体的右边和朝下面会出现阴影，具体位置如：下巴底部、腋窝、胸下、手臂弯曲的衣褶、紧贴人体动态的衣褶、裙摆底部、腿部膝盖和小腿侧面等。我们要把注意力放在表现力强的影调线条上，避免琐碎，从而使画面自然、整体、生动。（图2-4-1、图2-4-2）

时装效果图的色调是指一幅画面总的色彩倾向。色调可以是亮色调或暗色调、鲜艳色调或灰色调，也可以是冷色调或暖色调，或者是同类色调和邻近色调。倾向鲜明的色调能使画面更加统一、和谐。

图2-4-1

图2-4-2

2.5 如何将时装照片变成服装效果图

对时装照片临摹是学习时装效果的有效方法，如果把时装照片变成合乎实际比例的时装画，会使对象显得矮短笨重，因此我们要学会把人体夸张为修长苗条又时尚的理想型。

具体步骤：首先夸张人体的比例，拉长人的高度，主要是脖子、四肢的长度，使其显得修长骨感；其次是加大人体的动态幅度，使其更具动感；然后在画服装时注意线条的概括，外轮廓线保持流畅，简化衣纹；最后可以在细节设计中加入自己对时尚的理解。（图2-5-1、图2-5-2）

图2-5-1 时装照片变为服装效果图的过程

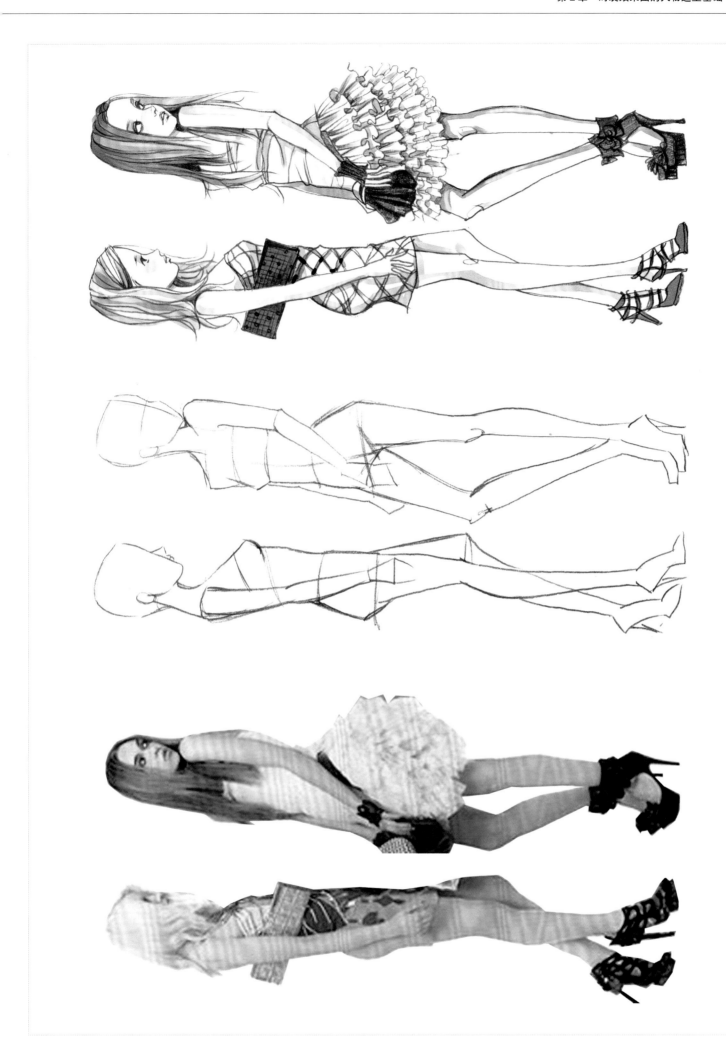

图2-5-2 时装照片变为时装画的过程

第3章 时装效果图的表现技法

学习计划:
熟练掌握时装效果图的各种表现技法。认真按照步骤图例进行学习临摹;学会选择适当的表现技法绘制不同风格的效果图。

3.1 各种常见技法的表现

时装效果图的表现技法非常丰富,不同的技法所表现的风格各异,常见的技法有以下几种。

3.1.1 黑白勾线效果

黑白勾线法是表现时装效果图最快捷的方法。它可以用速写的形式快速地记录瞬间的设计灵感,如写意性勾线法,它与绘画速写的方法相似,在动态的选择上更重视展示服装的款式造型及结构,能在较短的时间内记录下设计灵感。它的长处是快捷、简便,善于自由表现,其效果生动轻松。绘画时,它注重抓住整体的造型,削弱细节的刻画。(图3-1-1、图3-1-2)

除此之外也可以运用不同质感的线条表现多种风格。如铅笔,有虚实浓淡的变化,常以较写实的手法,在粗糙的纸面上作画,产生粗糙的线条,作品给人一种亲切感;针管笔,其线条均匀细腻,极具装饰感;签字笔与马克笔相结合,流畅的线条略加少许影调更具表现力。(图3-1-3~图3-1-7)

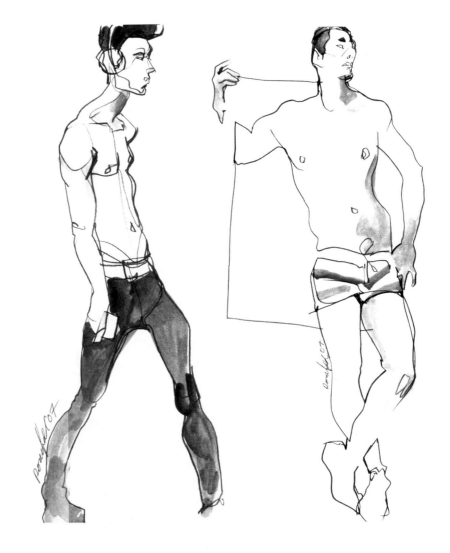

图3-1-1 水性笔效果图速写草稿

图3-1-2　铅笔素描表现的效果图

图3-1-3 铅笔鱼鱼马克笔相结合的效果图画法

图3-1-4　铅笔鱼鱼马克笔相结合的效果图画法

图3-1-5 效果图的针管笔表现

图3-1-6　效果图的针管笔表现

图3-1-7　效果图中针管笔与马克笔的综合表现

3.1.2　水彩效果

　　水彩是效果图表现中较为常用的工具，其特点是透明度比较高，层次清晰，同时它可以与水混合晕染形成丰富的渲染效果。用水彩表现要注意以下几点：一是由于水彩的覆盖力较弱，因此上色顺序要由浅到深；二是充分利用水进行晕染；三是用笔不要拖泥带水，要干净利索，最好一次到位。下面以几个范例按步骤进行详细讲解。

　　1. 范例一

　　透明纱碎花小礼裙

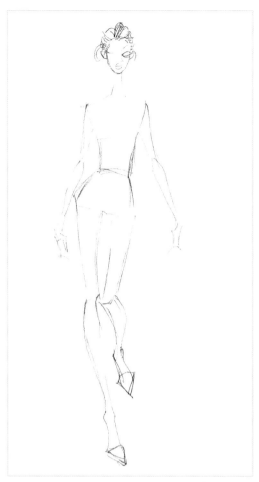

1. 铅笔概括出人体的比例动态，并简单勾出五官和发型，注意比例及动态的准确。

2. 用铅笔继续刻画出服装的基本款式，注意裙子层叠的结构细节。

3. 用黑色针管笔勾出最后的线稿，同时完善服装款式及人体结构的细节。

4. 用熟褐加深红及大量的水调画出浅浅的皮肤色，上色时笔尖尽量不离开纸，从而使颜色涂得更为均匀。

5. 用草绿色画出裙子的固有色，同时根据面料的起伏和光源方向注意留白，不要涂满。

6. 等上步颜色干透后，用桃红色画出裙子上的花瓣图案，注意深浅的变化及疏密关系。

7. 用浅黑色画出裙子上的黑纱及褶皱暗面和朝下面，颜色要浅，不然会使画面感觉较脏。

8. 根据光源的方向，用深皮肤色画出其暗面和朝下面，使人体更有立体感。

9. 用较深的黑色进一步突出裙子的主要轮廓及暗面，最后刻画五官。

2. 范例二
抹胸黑纱晚礼裙

1. 用铅笔概括出人体的比例动态，并简单勾出五官和发型，注意比例及动态的准确。腿部有裙子遮盖，因此省略腿的刻画。

2. 用铅笔继续刻画出服装的基本款式，注意下摆荷叶边结构规律。

3. 用黑色针管笔勾出最后的线稿，同时完善服装款式及人体结构的细节。

4. 用深红及少量的熟褐，以大笔触刷出淡淡的背景。同时也是皮肤的颜色，其中有部分要盖到皮肤，这样使另外一部分皮肤自然留白。

5. 加深背景颜色，上色时笔刷要一步到位，不要来回反复刷，这样能保持清晰的层次。

7. 加深肤色，主要画在皮肤的暗面及骨骼处如颧骨、眉弓等位置。

8. 用粉红色晕染脸部的腮红，用熟褐色刻画眼影，注意颜色要过渡自然。

6. 用淡黑色和粉红色画出整体服饰的固有色，用褐色画出头发的颜色。用笔要干脆利落，同时受光处留白，从而表现出面料透明的质感。

9. 用较深的黑色刻画裙子的暗面，注意笔触的干湿、深浅变化。

10. 完成服饰配件的细节。

3. 范例三　抓褶印花裙

1. 用铅笔概括出人体的比例动态，并简单勾出五官和发型，注意比例及动态的准确。

2. 用铅笔继续刻画出服装的基本款式，注意裙子款式的褶皱。

3. 用黑色针管笔勾出最后的线稿，同时完善服装款式及人体结构的细节。

4. 用熟褐加深红及大量的水调出浅浅的皮肤色，上色时笔尖尽量不离开纸，从而使颜色涂得均匀。

5. 用淡黄色画头发，再用肤色画出裙子的暗面，注意光源的方向。

6. 加深头发的颜色及肤色，注意腿部暗面颜色要随着腿的线条及结构变化，这样使腿看起来更加圆润修长。

7. 用淡红色和淡黄色画出裙子上染色的渐变效果。可以用两只不同颜色的笔相互晕染。

8. 用小毛笔点出裙摆上的花朵图案,注意颜色深浅的变化。

9. 用红色的小毛笔勾出花瓣的细节。

3.1.3　水粉与色纸效果

　　水粉颜料的覆盖力较强，上色比较均匀，适合平涂表现，也可以用卡纸来画，装饰效果较突出。下面以几个范例详细讲解作画步骤。

　　1. 范例一
　　另类复古婚纱

1. 在米色的水彩卡纸上用铅笔概括出人体的比例动态，并简单勾出五官和发型，注意比例及动态的准确。

2. 用黑色针管笔勾出最后的线稿，同时均匀画出淡淡的肤色。

4. 用较为稀释的白色铺出裙子的固有色。

5. 用较厚的白色提亮局部。

3. 加深肤色。

7. 画出配饰及橘红色的头发。

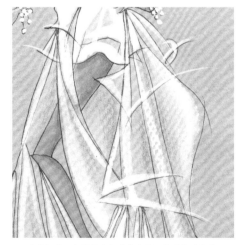

8. 用彩铅进一步刻画头发的虚实变化和脸部的妆容。

6. 用较厚的白色提亮裙摆，注意厚薄不同的白色所产生的虚实变化。

9. 用彩铅给裙子的暗部铺些淡淡的紫色调，这样使裙子的色调变化更为丰富。

2. 范例二 海军风度假休闲装

1. 铅笔概括出人体的比例动态，并简单勾出五官、发型及服装款式，注意比例及动态的准确。

2. 用黑色针管笔勾出最后的线稿，同时完善服装款式及人体结构的细节。

3. 用熟褐加深红及大量的水调画出浅浅的皮肤色，上色时笔尖尽量不离开纸，从而使眼色涂得均匀。

4. 加深肤色的暗面。

5. 画出头发的固有色及衣服的部分颜色。

6. 进一步深入刻画。

7. 画出服饰的暗面。

8. 完成条纹上衣。

9. 完成条纹包及脸部的细节刻画。

3.1.4　马克笔与彩铅效果

　　马克笔分油性和水性，水性马克笔颜色鲜亮透明，而油性比较润泽、耐水性好，可以根据画面的需要来选择。马克笔的笔头有方头和尖头，运用熟练后可利用笔头侧、平、立等多个角度来表现不同的线条，灵活运用笔头可以产生丰富的笔触效果。马克笔是一种快捷方便的上色工具，携带方便，深受现代设计师的喜爱。使用马克笔时要注意以下几点：一是学会用笔头的笔触来表现块面的变化；二是善用色彩之间的灵活调配产生丰富的色彩变化；三是落笔要快速利索、肯定准确。彩铅常常和马克笔一起使用，它可以绘制一些细微的局部和用于细节的调整。下面以几个范例进行详细讲解。

　　1. 范例一

　　渐变透明雪纺抓褶裙

1. 用铅笔概括出人体的比例动态，并简单勾出五官和发型，注意比例及动态的准确。

2. 用铅笔继续刻画出服装的基本款式，注意服装的褶皱变化规律。

3. 用黑色针管笔勾出最后的线稿，同时完善服装款式及人体结构的细节。

4. 根据光源的变化，用肤色马克笔画出皮肤颜色，为了表现服装的透明感，被衣服遮住的身体部分也要铺上肤色，这样再画衣服时就可将皮肤隐约透видите出来。

5. 用粉红和淡黄画衣服的固有颜色，注意上色的笔触和方向跟着衣服的结构走。

6. 加深暗部的褶皱，同时画出头发、皮包、鞋子的固有颜色。

7. 加深个别细节的暗部，注意层次的变化。

2. 范例二　中性条纹呢风衣

1. 用铅笔概括出人体及服装的大形，再用黑色针管笔勾出最后的线稿，同时完善服装款式及人体结构的细节。

2. 用浅灰和深灰画出服装的固有颜色，注意根据光源的变化边缘适当留白。

3. 画肤色及其他细节的固有色。

4. 加深暗部，注意暗部的位置规律，同时其面积不要过大。

5. 勾出衣服上的条纹，注意粗细及间隔要均匀、整齐。

6. 加深其他细节的暗部。

7. 用彩铅调整脸部及裤子的颜色，使其变化更为丰富。

3. 范例三
朋克风休闲套裙

1. 概括画出人体的比例动态，并简单勾出五官和发型，注意比例及动态的准确。

2. 用铅笔继续刻画出服装的基本款式，注意裙子的褶皱变化规律。

3. 用黑色针管笔勾出最后的线稿，同时完善服装款式及人体结构的细节。

4. 画出上衣的底色及抽象几何图案。

5. 画出上衣的小碎花图案及其他服装的固有颜色，注意裙子颜色的渐变和留白。

6. 画出围巾、靴子的图案及帽子的颜色。

7. 加深暗部。

8. 画出肤色及图案细节。

3.1.5 电脑绘制效果

常用绘制时装效果图的绘图软件有Coreldraw、Photoshop、Painter。Coreldraw常用于绘制矢量效果图，Photoshop用于图像处理。Painter是绘制效果图的常用软件，Painter意为"画家"，加拿大著名的图形图像类软件开发公司Corel公司用Painter为其图形处理软件命名，真可谓名副其实。与Photoshop相似，Painter也是基于栅格图像处理的图形处理软件。把Painter定为艺术级绘画软件比较适合，其中的多种笔刷提供了重新定义样式、墨水流量、压感以及纸张的穿透能力，Painter使数字绘画提高到一个新的高度。与一般图形处理软件相比，Painter模拟了现实中作画的自然绘图工具和纸张的效果，并提供了电脑作画的特有工具，为设计师的创作提供了极大的自由空间，使得在电脑上作画就如同纸上一样简单明了，无论是水墨画、油画、水彩画还是铅笔画、蜡笔画都能轻易绘出。我们可以根据自己的需要选择适合的绘图软件。下面用Painter软件绘制两个范例：

1. 范例一

1. 画出线稿，注意站姿中腿部动态的重心和手提包的透视。

2. 画皮肤暗部及头发固有色

3. 用象牙黄画肤色

4. 脸部妆容的细腻刻画，轻扫出头发的暗部。

5. 加深头发暗部，用深色勾出部分发丝。

6. 画出服饰的固有色

7. 加深暗部，注意暗部面积不要太大。

8. 把找好的图案用PS做在衣服上，进一步完善细节。

图3-1-8　电脑绘制的服装画作品

图3-1-9 电脑绘制的服装画作品

3.2　不同服装面料的表现

　　面料和材质是服装的载体。为了让观众有更直观的印象，准确地表现面料的质感、图案、工艺是绘制时装效果图非常重要的一个环节。面料的分类可大致归纳为以下几种：薄料、厚料、毛绒面料、透明面料、反光面料、镂空面料、针织面料，以及一些特殊材质的面料。运用各种技法，可在时装效果图中得到特定面料表现的相对准确性、预视效果和艺术气氛。面料的质感表现是相对的，我们在表现时装效果图中的面料质感时，必须通过表现的目的性、对象特征、画面风格、工具材料等因素，制定所要表现对象的形态效果。换言之，必须综合考虑各种因素表现对象，而不是将面料质感孤立表现。

图3-2-1　针织面料表现（棒针与平针）

3.2.1　不同面料质感的表现

1. 针织面料的表现

针织面料柔软、蓬松且有弹性，其编制的针法也比较丰富，有平针、勾花、棒针等。因此，在表现时，线条要圆润，有弹性，根据设计的需要准确地表现出编制的特点。（图3-2-1、图3-2-2）

图3-2-2　粗花呢与格子呢表现（针管笔、马克笔、彩铅、绘图纸）

2. 呢子面料的表现

　　呢子面料质感较厚，比较粗糙，其种类也较多，如粗花呢、人字呢、格子呢等。表现呢子时，线条要挺括、平实，准确地表现不同呢子面料的风格特点。

（图3-2-3～图3-2-5）

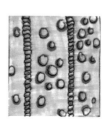

图3-2-3　勾花针织面料表现（针管笔、马克笔、彩铅、绘图纸）

图3-2-4　格子呢表现（针管笔、马克笔、彩铅、绘图纸）

图3-2-5　人字格子呢表现（针管笔、马克笔、彩铅、绘图纸）

3. 雪纺纱面料的表现

雪纺纱的质地特征是飘逸、轻薄、柔软、透明，易产生碎褶。在表现薄料时，用线轻松自然，宜使用较细较平滑的线，而不宜使用粗犷的线，线条要纤细、轻柔，视觉上特别强调虚实透明。淡色可以较好地表现薄质的面料，或者运用晕染法、喷绘法，都易表现出薄的感觉。表现薄料大面积的起伏，可以使用大笔触大面积的处理。对于薄料的碎褶，要注重随意性及生动性，针对其明暗，略加刻画。薄料在穿着之后有贴身和飘逸之分，前者可着重表现，后者可略为虚些。（图3-2-6、图3-2-7）

图3-2-6 透明雪纺纱表现（针管笔、马克笔、彩铅、绘图纸）

图3-2-7 透明玻璃纱表现（针管笔、马克笔、彩铅、绘图纸）

4. 裘皮、皮革面料的表现

裘皮具有蓬松、无硬性转折、体积感强等特点。长毛狐皮面料还具有一定的层次感，表现裘皮可采用撇丝法、摩擦法、刮割法，先置深色，而后略顺其纹理逐层提亮，要注意其强烈的体积感和毛质的分布规律及疏密关系。皮革质感较为硬挺，且光泽感较好，表现时线条要硬挺，明暗关系对比分明。在人体活动的关节处常见

图3-2-8　皮革面料的表现（针管笔、马克笔、彩铅、绘图纸）

到硬块状的皱褶，这些皱褶的变化最能表现皮革的反射光和死角暗黑的特殊性，这是它出效果的质感特点。表现时，先画出中间色调，空出亮部，再分层画出暗部，以此表现皮革的质感和厚度。（图3-2-8~图3-2-10）

图3-2-9　裘皮的表现（针管笔、马克笔、彩铅、绘图纸）

图3-2-10　狐皮的表现（针管笔、马克笔、彩铅、绘图纸）

5. 羽绒、棉袄面料

羽绒、棉袄面料的表现重点在于其蓬松光滑的体积感和绗缝工艺的块面表现。（图3-2-11、图3-2-12）

图3-2-11 羽绒面料表现（针管笔、马克笔、彩铅、绘图纸）

图3-2-12　羽绒面料表现（针管笔、马克笔、彩铅、绘图纸）

3.2.2 不同面料图案的表现

图案是服装表现的一个亮点，对表现效果具有极强的装饰作用。图案的种类有很多，如具象图案、抽象图案、几何图案、花卉图案等。图案的布局形式，大致可分为如下几种。

1. 清地图案

面料中纹样占据的面积较小，而底色的面积较大的图案称为清地图案。对此图案，根据纹样的大小比例，调整或减弱对纹样的处理。如较小的纹样，则抓住纹样的整体造型、色调进行描绘，准确地表现底色色调。

2. 混地图案

纹样面积与底色大致相等，这类图案称为混地图案。这类图案所要表达的重点是纹样及由衣褶、结构等引起的纹样变化。（图3-2-13）

图3-2-13　几何图案表现（针管笔、马克笔、彩铅、绘图纸）

3. 满地图案

满底图案纹样的面积远远大于或等于底色的面积。表现满地图案，需对整体图案的风格，以及图案的造型、色彩等重点刻画。对较次要的填充底色的纹样，可简略表现。（图3-2-14、图3-2-15）

4. 件料图案

从时装的整体形态出发，以整个服装为适合单元而设计的面料图案。件料的布

图3-2-14 小碎花图案表现（针管笔、马克笔、彩铅、绘图纸）

图3-2-15 小碎花图案表现（针管笔、马克笔、彩铅、绘图纸）

局较为具体化，风格特征强。视觉中心的把握和设计风格非常重要。对于一些特殊材料的图案，则必须寻求相应的表现方法。这些形式的图案包括：针织图案、刺绣图案、手绘图案、扎染图案、蜡染图案等。其中手绘图案具有不规则性，绘画艺术性强，变化较大，应根据不同的风格采用不同的技法表现。如国画风格的花卉图案可采用淡彩的绘制方法。(图3-2-16、图3-2-17)

图3-2-16　单独图案表现（针管笔、马克笔、彩铅、绘图纸）

图3-2-17 单独图案表现（针管笔、马克笔、彩铅、绘图纸）

3.2.3 不同面料工艺的表现

服装面料工艺与服装造型有直接关系，它在服装造型中往往起到画龙点睛的视觉效果。服装面料工艺的表现是对服装细节刻画的重要方面，服装工艺种类较多，如刺绣、镂空、洗水磨白、拼接挑毛边等。刺绣特点是刺绣材料具有反光效果，以及刺绣的特殊针迹效果。在表现时可采用特定的排线手法，表现图案的深色调、固有色以及亮部，由此产生一种不平整的纹理和反光效果。而镂空特点是被镂空位置的空间叠加性和投影光源的强调（图3-2-18）。

图3-2-18 刺绣与镂空
工艺表现（针管笔、马克笔、彩铅、绘图纸）

洗水磨白工艺常见于牛仔面料上，重点强调磨白的深浅渐变效果。拼接挑毛边工艺可以表现服装粗犷的风格，其重点在于毛边的细致刻画及边缘的投影所表现出来的毛边的厚度及粗糙感（图3-2-19）。

图3-2-19　水洗磨白和拼接挑毛边工艺表现（针管笔、马克笔、彩铅、绘图纸）

3.3　不同风格类型的时装表现

3.3.1　职业装

　　女性职业装越来越趋向时尚潮流，职场中的女性穿着可谓是美丽主要的评分标准。传统的女性职业装与男装的区别几乎仅限于尺寸的变化，可是现在不同了。时至今日，办公室已俨然一个秀场，每个人每一天都要接受无数目光的检阅，合适的穿着显得至关重要。职场着装通常分为正式、非正式与休闲三种类型，但三者并无明确界限。现代的职业装既要体现职业性质与公司文化，又要体现个人风格和自我价值。

　　职业装以淡色为主，比如米白、银灰、粉红等，同时橙色、红色等亮色也运用到职业装设计中，突破了以往的禁忌。职业装在款式上追求简洁而多变，注重细节上的精致。刺绣、蕾丝、褶皱、流苏、荷叶边、小腰带等元素开始运用在职业装的设计中。炫目的图案，较为绚丽的色彩，华美的装饰品已不再是职业装的禁忌。职业装注重收腰设计，西装的V领更向下开，腰部配有小腰带等装饰。整个服装市场都关注女性曲线，裙装突破了传统的A字裙或一步裙，多是过膝包裙甚至小蓬裙，突出了臀部曲线，散发出浓浓的女人味。（图3-3-1～图3-3-3）

图3-3-1　职业装表现（针管笔、马克笔、彩铅、绘图纸）

图3-3-2 职业装表现（针管笔、马克笔、彩铅、绘图纸）

图3-3-3　职业装表现（针管笔、马克笔、彩铅、绘图纸）

3.3.2 休闲装

休闲装是在闲暇时间逛街购物或外出游玩等时候的装束。上街购物、出外活动是最能展现自我的场合。因此，追逐流行时尚、表现自我个性是这类服装的设计表现要点。（图3-3-4~图3-3-13）

1. 款型表现：紧跟流行潮，追逐时尚感。设计既要引导时尚，又要留给穿者发挥的空间。因而款式既要富于机能性，又要便于组合，以满足消费者的多元需求。简洁大方的款式最具有亲和力。

2. 色彩表现：色彩选择较为丰富，或鲜艳，或淡雅，图案花纹可以简洁明快，也可以时尚前卫，同时要根据流行色的变更及时反映。

3. 面料表现：适宜的布料很多，夏季有棉、麻丝、混纺、化纤等，以轻透、透气性、吸湿性好为原则，如丝绸、蕾丝、亚麻布、棉织物制作。夏装体现轻快、洒脱、优雅的风格。春秋季面料种类繁多，常用毛型花呢、裘皮、皮革、针织物、混纺、化纤等织物。

图3-3-4 休闲装表现（针管笔、马克笔、彩铅、绘图纸）

图3-3-5　休闲装表现（针管笔、马克笔、彩铅、绘图纸）

图3-3-6 休闲装表现（针管笔、马克笔、彩铅、绘图纸）

图3-3-7　休闲装表现（针管笔、马克笔、彩铅、绘图纸）

图3-3-8 休闲装表现（针管笔、
马克笔、彩铅、绘图纸、电脑）

图3-3-9　休闲装表现（针管笔、马克笔、彩铅、绘图纸、电脑）

图3-3-10　休闲装表现（针管笔、马克笔、彩铅、绘图纸、电脑）

图3-3-11 休闲装表现（针管笔、马克笔、彩铅、绘图纸、电脑）

图3-3-12　休闲装表现（针管笔、马克笔、彩铅、绘图纸、电脑）

图3-3-13 休闲装表现
（针管笔、马克笔、彩
铅、绘图纸、电脑）

3.3.3 礼服

礼服是具有极富感染力的艺术造型的服装种类。丰富绚丽的色彩、精美的布料、精致考究的工艺制作以及独具匠心的服饰配件体现了礼服独特的美感。礼服的种类有以下几种：高贵华丽的晚礼服、俏丽的鸡尾酒会小礼服、圣洁甜美婚礼服等。

1. 礼服的款型表现特点

礼服因服用功能的不同，所以款式设计也有不同的特征，可分为"封闭式"和"开放式"。一般多采用传统与流行相结合的款式，重点主要在肩、背、胸等部位。如前低胸，后露背，裸露肩、臂以显示女性美丽的肌肤和优美的曲线。造型上身紧贴、腰身以下松散而宽大。不管礼服的款式如何多变，"封闭式"都是以体型与服装廓型相重合，并随人体动作在空间飘摆自如，其服装基础是短，款式严守古典风格色彩，漂亮而不浮华；"开放式"则是指与人体相互作用而极富动感的服装款式，是一种能在空间自由摆动的敞开式服装，适合于活动量较大的场合如晚会、舞会，能表现出优雅的体态。（图3-3-14、图3-3-15）

图3-3-14 小礼服表现（针管笔、马克笔、彩铅、绘图纸）

2. 色彩表现特征

礼服要显示服装端庄、典雅的气质，追求华丽奇特的整体效果，所以色彩比较注重装饰性。由于色彩具有表达各种感情的作用，经过设计的不同配色能表现不同的情调，所以在礼服的色彩设计中色彩的性格是必须重视和掌握的。色彩的象征性在表达服装主题、营造气氛及情调等方面有重要的作用，常用的颜色有粉红色、银灰色、紫色、白色等。

图3-3-15 晚礼服表现（针管笔、马克笔、彩铅、绘图纸、电脑）

3. 面料表现特征

礼服的面料一般以有光泽的丝织物为主，还有皮革、天鹅绒和薄纱等。丝绸是礼服不可替代的布料，它有明亮、悦目、柔和的光泽，并且表面光滑有熠熠生辉之感。人的肢体活动使光泽产生变幻，从而获得雍容华贵、非常醒目的视觉效果。

薄纱是属于透明柔软的衣料，给人以轻盈流动的感受，并能不同程度的展露形体，具有优雅、朦胧、神秘的效果。透明的衣料能产生优美的悬垂状态的褶裥或碎褶。衣料的重叠会营造一种曲折变化的美感。（图3-3-16）

图3-3-16　小礼服表现（针管笔、马克笔、彩铅、绘图纸、电脑）

4. 装饰工艺

褶是礼服造型的重要手段，其作用主要表现为适应人体的外部曲线变化的需要，同时亦可作为装饰之用。褶的种类很多，有活积死褶、裤褶、顺褶、暗褶、抓褶、百褶、浓萝褶等，由于组合排列的部位和方法不同，各种褶所形成的线、面、体的造型，会产生不同意味的设计感。（图3-3-17）

图3-3-17 礼服打褶工艺表现（针管笔、马克笔、彩铅、绘图纸、电脑）

3.3.4 创意时装

创意是一种意识，一种前所未有、超脱束缚、突破传统的思维表现。创意类服装主要体现了设计者的创作理念，有反潮流或引领潮流的意味，因此效果图表现更加夸张，另类，突破常规。（图3-3-18～图3-3-21）

图3-3-18　创意服装表现（针管笔、马克笔、彩铅、绘图纸、电脑）

图3-3-19　创意服装表现（针管笔、马克笔、彩铅、绘图纸）

图3-3-20 创意服装表现（针管笔、马克笔、彩铅、绘图纸）

图3-3-21　创意服装表现（针管笔、马克笔、彩铅、绘图纸）

3.4 时装效果图的构图形式及表现风格

3.4.1 时装效果图的构图形式

时装效果图的构图形式与绘画的构图有异曲同工之妙。无论画中人物多少，都要注意构图的平衡、穿插、对比、变化等多种因素的组合，这样才能增强画面的气氛，产生强烈的感染力，避免画面构图有呆板单一的感觉。构图在服装设计中是最直接的反映，它给观者一种视觉感受。合理和活跃的构图能增强设计的表现力。

1. 平行构图——是将一个人物或一组人物同放在一条平行线上，这种构图形式给人一种均衡的视觉效果。平行构图要注意人物在画面所占的比例、位置是否合理，画面人物间的空白要合适，不要太大或太小。平行构图在服装效果图中较为常用，它最能充分展示款式的结构、人物动态等整体效果。（图3-4-1）

2. 穿插构图——给人以活泼、自由、随意、变化之感，通过人物在图中的穿插变化，表现多种人物的造型，打破画面呆板平静的氛围，创造出流动的视觉效果。画面对象起伏变化，更加丰富了设计图的艺术性。（图3-4-2~图3-4-4）

图3-4-1 平行构图（水彩、炭笔、水彩纸）

图3-4-2 穿插构图（针管笔、马克笔、彩铅、绘图纸）

图3-4-3 穿插构图
（水彩、水彩纸）

图3-4-4　穿插构图
（针管笔、马克笔、
彩铅、绘图纸）

3. 整体与局部构图——采用时装人物整体形象与局部佩饰相结合的构图形式，通过对设计图中整体与局部的描绘，使时装设计图更加完美，充分展示设计者的整体构思，达到服装与配饰品的统一。这种方法较适合于企业制服和系列服装的设计，能充分表现出服装的整体设计。（图3-4-5）

图3-4-5 整体与局部构图（针管笔、电脑辅助）

4. 衬托构图——在设计图中，可以利用背景或某些道具来衬托着装人物，采用色款、线条、几何图案等形式来表现设计图。（图3-4-6～图3-4-7）

图3-4-6　衬托构图　（水粉、针管笔、电脑辅助）　刘子婕

图3-4-7 衬托构图
（水彩、针管笔） 孙静

5. 分割构图——在设计图上分割大小不同的画面，有水平线横向分割、垂直竖线分割以及十字线分割，以此来表现设计图中的不同效果。如：在分割后的画面中，写上设计作品标题或设计说明。另外，还有画上配饰品和贴面料等表现形式。（图3-4-8）

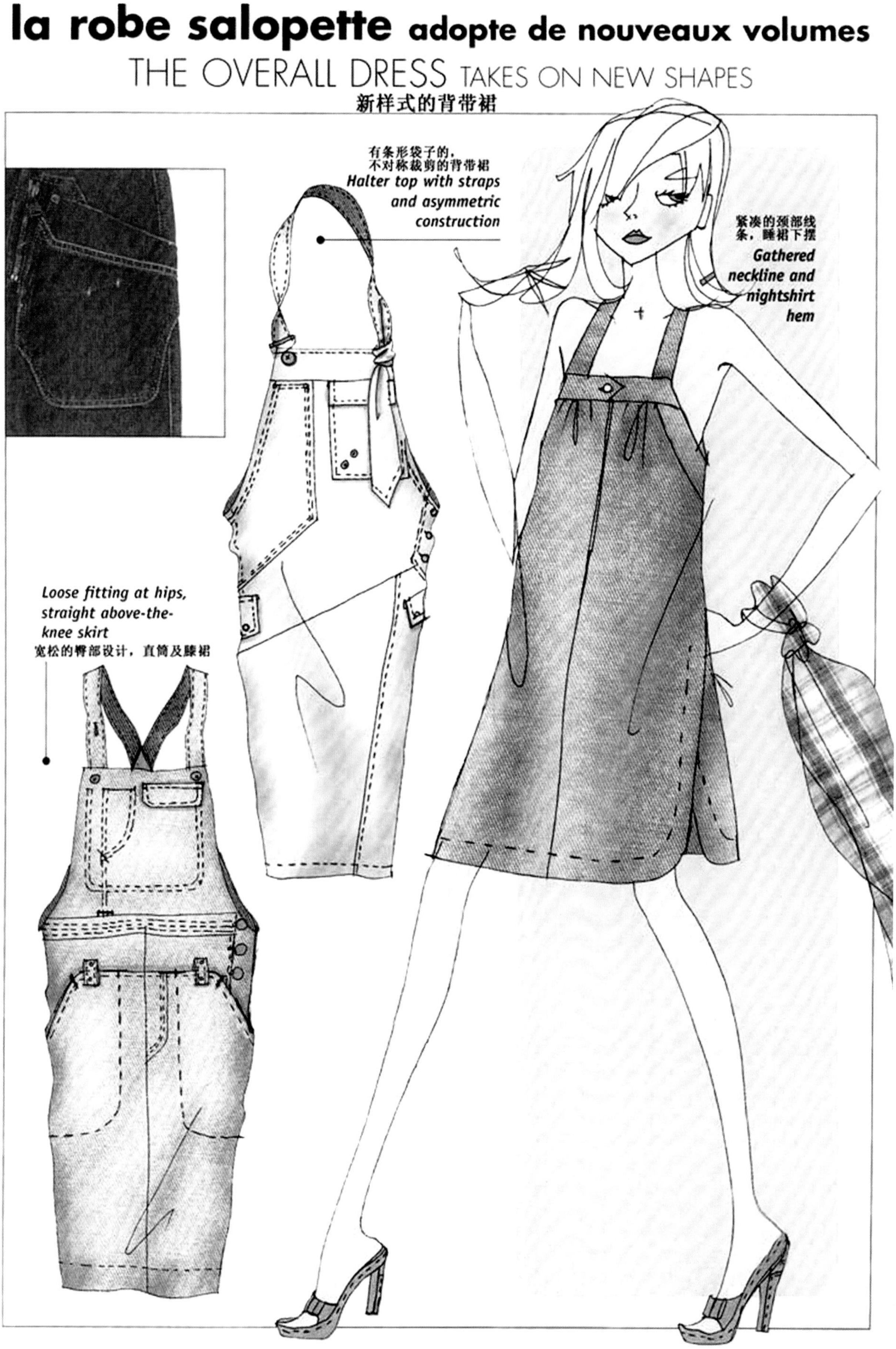

la robe salopette adopte de nouveaux volumes

THE OVERALL DRESS TAKES ON NEW SHAPES

新样式的背带裙

有条形袋子的，
不对称裁剪的背带裙
*Halter top with straps
and asymmetric
construction*

紧凑的颈部线
条，睡裙下摆
*Gathered
neckline and
nightshirt
hem*

*Loose fitting at hips,
straight above-the-
knee skirt*
宽松的臀部设计，直筒及膝裙

图3-4-8　分割构图
（针管笔、电脑）

3.4.2 时装效果图的艺术风格

1. 写实风格

按照时装设计完成后的真实效果进行描绘，所绘制的结果具有一种照片式的写实风格。由于这种风格的写实性，绘制就需要一定的时间，而设计师们的工作往往是紧张、忙碌的，所以设计师平时并不十分愿意采用这种方法来绘制时装效果图。当偶尔要表现这种风格时，则会结合一些特殊的时装效果图技法，以便节省时间。如照片剪辑、电脑设计、复印剪贴等方法，都是较为方便，且能达到良好效果的捷径。（图3-4-9~图3-4-17）

图3-4-9 写实风格（水彩、电脑）

图3-4-10 写实风格（水彩、电脑）

图3-4-11　铅笔淡彩的时装速写

图3-4-12 针管笔与马克笔结合的写实风格效果图

图3-4-13 电脑制作的时装效果图

图3-4-14 铅笔淡彩童的装效果图

图3-4-15　个性夸张的童装效果图

图3-4-16　水粉风格的系列童装效果图

图3-4-17　勾线笔与电脑平涂相结合的系列男装效果图

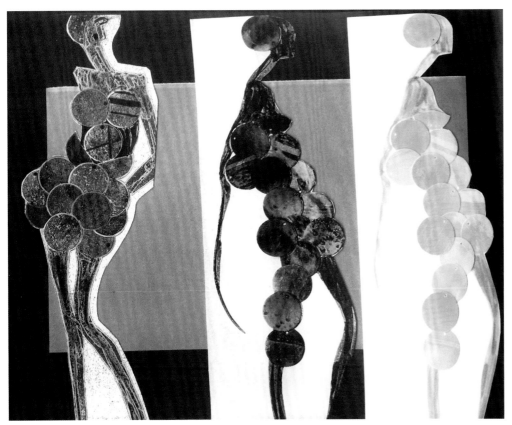

图3-4-18 手工拼贴效果图

2.装饰风格

抓住时装设计构思的主题，将设计图按一定的美感形式进行适当的变形、夸张的艺术处理，最后将设计作品以装饰的形式表现出来，便是装饰风格的时装效果图。装饰风格的时装效果图不仅可以对时装的主题进行强调、渲染，还能对设计作品进行必要的美化。变形夸张的形式、风格、手法是多样的。设计者在设计时装作品时，可采用多种手段对所设计作品的特点进行重点强调。通常，设计师所表现的时装效果图，多少带有一定的装饰性。

装饰绘画的艺术特征表现为追求画面的形式感、秩序美，以夸张、变形的造型技法，概括形象或突出视觉中心，通过平面化的绘画风格来表达某种象征或寓意。在画面的构图和色调的处理上，常运用对称、均衡、反复、变化与统一、对比与调和等各种形式法则。时装效果图中的装饰风格可通过人物的夸张造型、面料纹样的平面化处理，以及具有装饰效果的构图等方法的综合运用来表现。（图3-4-18～图3-4-29）

图3-4-19 彩铅草图风格效果图

图3-4-21 绘画感极为细腻的装饰风格时装画

图3-4-20 铅笔淡彩的服装速写草图

图3-4-22　绘画风格的时装画

图3-4-23　铅笔和马克笔相结合的时装速写

图3-4-24　时装款式结构图的版式设计

图3-4-25　省略画法的时装效果图

图3-4-26 装饰风格（水彩、白卡纸）

图3-4-27 个性夸张的童装效果图

《ONE DAY》

图3-4-28 洪红 中国羽绒服设计大赛投稿 洪红

《ONE DAY》

款式图:

设计说明:

　　《ONE DAY》译为 "某天",此系列灵感来源于对不定因素的感知以及对未知世界的探索。某天某时某刻会发生什么?我们无从得知,只能静观其变。服装本身追求一种不动之动,在简洁、舒适的廓形中融入细节的设计。用不规则分割打破服装的形式感,用色彩的拼接增强视觉感。适合在万物休眠的冬季穿着。

面料小样:

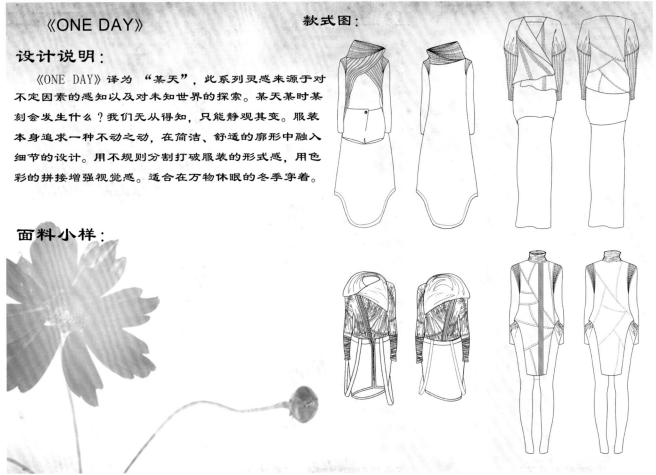

图3-4-29 中国羽绒服设计大赛投稿 洪红

第4章　时装效果图的应用实例

学习计划：

掌握款式平面图的画法及参赛效果图的要求。学习时装人体和实际人体的时装效果图在不同领域的应用表现。

4.1　时装效果图在工业生产中的应用

款式平面图是时装效果图的工业表现，亦称服装设计平面结构图、展示图、工作图、工程结构图，在服装设计图中起到以图代文的设计说明的作用，在服装生产企业有特殊的使用价值。在设计生产过程中，款式平面图通过设计主管的审查，发给制版部门，制版部门通过款式平面图中的款式造型及设计说明来指导制版，确保服装产品的款式及工艺质量的准确。

款式平面图的特点如下：它具有工整易读、结构表现清楚、易于加工生产等特点，通常采用以线为主的表现形式，或者采用以线加面、单彩绘制等方法描绘而成。有时，对时装的特征部位、背部、面辅料、结构部位等，需要有特别的图示说明，或加以文字解释、样料辅助说明。这种设计图，极为重视时装结构，需要将时装的省缝、结构缝、明线、辅料等交代清楚，仔细描绘。对于人物的描绘，有时可以全部省略，只留下重点表现的部分。（图4-1-1~图4-1-7）

图4-1-1　工业效果图

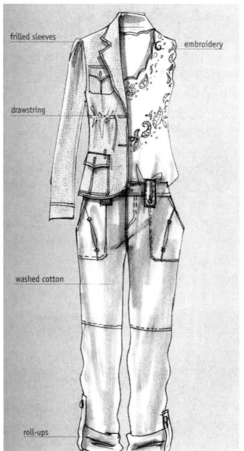

图4-1-2　工业效果图

图4-1-3　工业效果图

图4-1-4 工业效果图

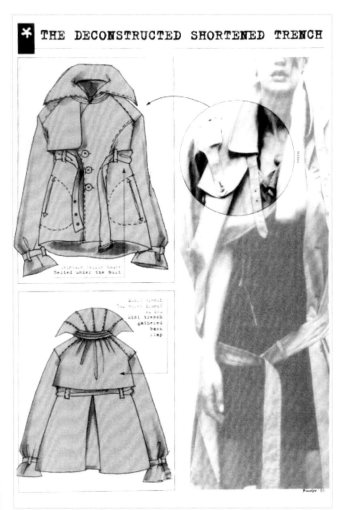

图4-1-5 工业效果图

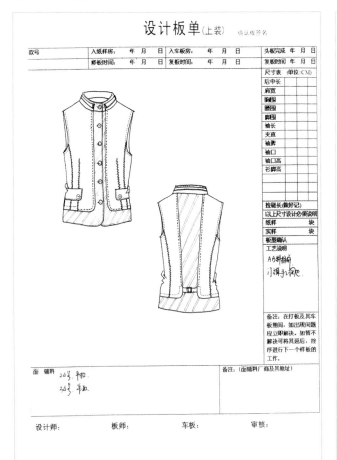

图4-1-6 工业款式图

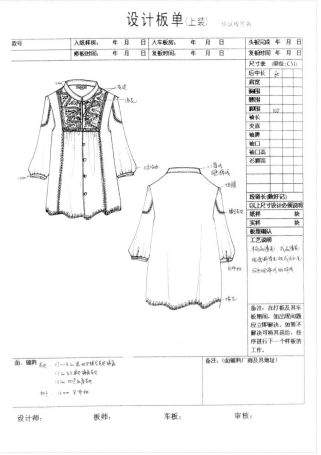

图4-1-7 工业款式图

4.2 时装效果图在服装设计大赛中的应用

近年来服装设计大赛众多，时装效果图的表现是能否入围比赛的主要因素。作为参赛的效果图，其时尚感、系列感、主题性是最为重要的。时尚是服装设计的精髓，系列化是使多套服装风格统一的方法，主题性是指设计思想必须围绕某一命题去构思创作，三者缺一不可。

1. 专业的服装设计赛事的主要流程

（1）对国际服装发布会信息的收集

国际时装中心巴黎、纽约、米兰、伦敦、东京等每年的时装发布会聚集了时装大师们创造下一季流行趋势的最新设计作品。我们虽然不可能都到国外直接参观，但可以通过国内外的时装报刊、视频、电视、电脑时装网站等媒体对发布会的报道，进行信息的收集和整理，分析整体倾向，获取自己最需要的素材。(图4-2-1)

（2）对面料信息的收集

面料对服装的重要性是不言而喻的，但许多人经常埋头设计而不看是否有这种面料，结果设计了半天却因为找不到合适的面料只好半途而废。这种例子在学生中有很多。我们应当利用服装材料学中的知识，平时就注意观察和认识面料，收集面料小样，经常分析它们分别能做什么类型的服装，以备完成作业或参赛之用。

（3）分析大赛主题

在前期的资料收集完成以后，就要根据大赛的主题进行主题设计。先要寻找灵感，灵感来源是多种多样的，身边的一切事物都可以启发你的构思。例如一幅绘画、一座高楼、一朵美丽的花等，或者是服装史中的某一个款式、某一种花布等，均可以从中得到灵感，促使你设计出新的服装造型。意大利设计师罗伯特·卡布奇在谈到他那美妙的时装来源时说："是在卡普里岛时，在切多萨宫殿的白墙上开放

图4-2-1 发布会上流行资讯收集

2012/2013 秋冬流行趋势提案
——旋舞空间

飾品組合：

在秋冬趋势中，帽子、包袋、手套和女靴是不可或缺的亮点。硬朗的线条、夸张的造型和丰富的质感使整个系列酷感十足。本系列推出多个小型手握包，在宽松的款式中加入腰带使整体形象张弛有度，部分款式搭配造型夸张的皮质手套，既温暖又显华丽。

流行主题：

空灵、轻盈的形象再度回归，更多的曲线、曲面造型语言将成为趋势之一。厚重、硬朗将不再是秋冬成衣的必要元素。建筑中的空间变异手法不断给时尚增添新的启发，各种夸张造型的建筑外墙和内部空间，旋转阶梯以及动感十足的外轮廓都是重要的灵感来源。建筑中出现的金属感、玻璃光感这些人造效果与天空、云彩既和谐交融又形成强烈的对比，带来视觉冲击。本系列服装则同样运用不同材质，如PU材料、呢料、夹棉材料、棒针编织等，进行材质对比与混搭体现碰撞的趣味。

关键词：建筑、轮廓、空间、曲面

色彩倾向：

轻盈而有厚厚光泽的珍珠白、银白、银灰、铁灰将组成统一、柔和的轮廓，其中穿插少量的橙紫和暴烈性的亮改红以打破冰冷、理性的形象，增添些许活力。

图4-2-2 绮丽杯新人奖服装设计大赛 入围奖 王思燕

的巨大的九重葛的紫绿色前面；是在圣彼得堡教堂听卡拉扬指挥的一场音乐会时；是在南非时，那是我的第一次照相狩猎，我看到一只巨大的彩鸟从黄赭色的风景上起飞。"西班牙设计师巴伦夏加曾以西班牙的斗牛士为灵感，设计了斗牛式无纽短装、佛朗哥短裙。（图4-2-2）

（4）制定设计方案

设计主题确定之后，款式的构想、色彩的选择、面料的寻觅就都应围绕这一主题开展。这时可以将平时收集的与本主题相关的形象资料与面料小样集中起来运用。当然，你可以把相关的现成款式拿过来，经过分析、借鉴、修改、取舍使其最后变成自己的，前提是这种资料必须符合自己的设计主题，否则即使再好也不能放到你推出的设计中。接下来需要把你的构思全面地整理展示出来，参赛用的设计效果图包括4个部分：①设计主题及设计说明，②色彩选择，③面料小样，④款式的基本廓型、效果图。（图4-2-3）

款式说明：

整体廓形借鉴建筑的空间分割，以宽松的A型为主，扩大服装与人体之间的空间，体现帅气、随性的都市风情。在领部、肩部、袖形及下摆的设计中融入曲面结构，突出立体感。局部运用倒褶、风琴褶、立体车条的工艺增添整体造型的线条感，在这些硬朗造型中出现的针织工艺则恰似建筑与周围自然环境的交相辉映，充满人文风情。

面料特征：

无光、温暖的羊毛呢，搭配硬朗、光洁的PU材料，形成材质对比，其间局部运用高支棉和涤棉作为夹棉部分的面料。粗棒针毛线手编成衣片与梭织面料拼接，增添机理效果。

图4-2-3 绮丽杯新人奖服装设计大赛 入围奖 王思燕

2. 参赛效果图的绘制方法

效果图作为设计师表现设计思想的一种最常见的途径，在参赛中更是占有不可取代的关键地位。能否完全诠释出设计师的设计思想，就要看效果图的表现形式了。选用一种合适的表现方法来表达自己的设计思想，不仅需要效果图上的创新绘制，更需要设计师的绘画功底深厚。

（1）常见的几种绘画风格的表现形式

常用的表现风格有：写实手法，这必须有深厚的绘画功底作为基础；细致风格，这种风格需要一定的耐性，每个细节都精心刻画，在大赛里最为常用；粗犷风格，以一种似乎很随意的线条来表现服装；虚幻绘制，这种方法注重描绘想表现的面料或局部，而简化造型或人体。（图4-2-4～图4-2-12）

图4-2-4　细致风格（针管笔、马克笔、彩铅、电脑）　陈妮

图4-2-5　（针管笔、电脑）　刘莹颖

图4-2-6 细致风格（水彩、针管笔、电脑） 刘莹颖

作品《新摇滚时代》获"蔡美月杯"第五届全国时装画大赛铜奖

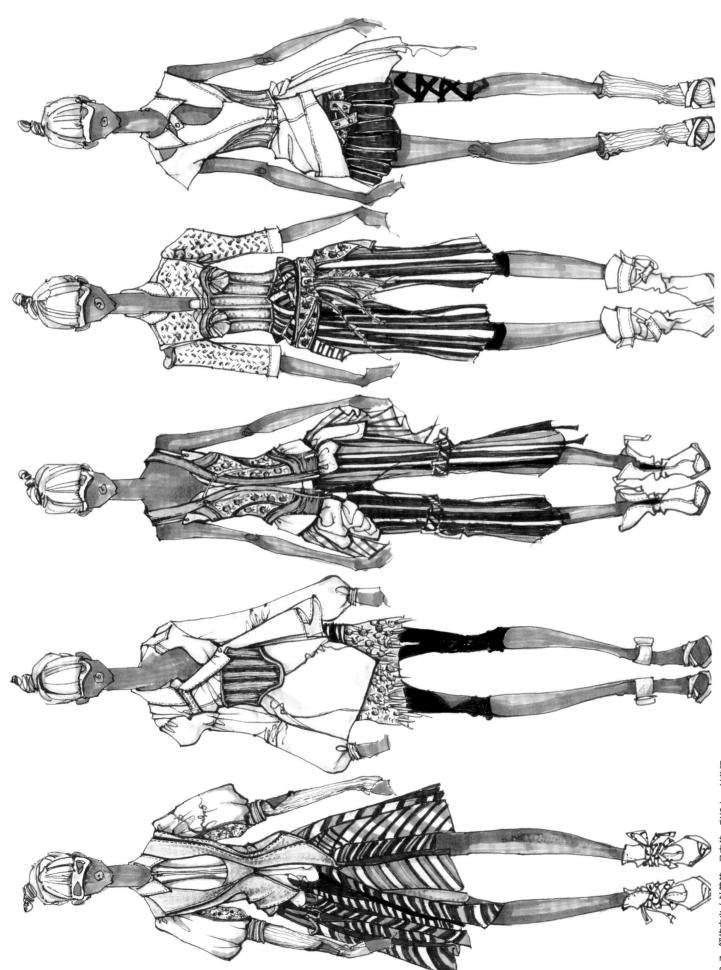

图4-2-7　解构主义（针管笔、马克笔、彩铅）　刘莹颖

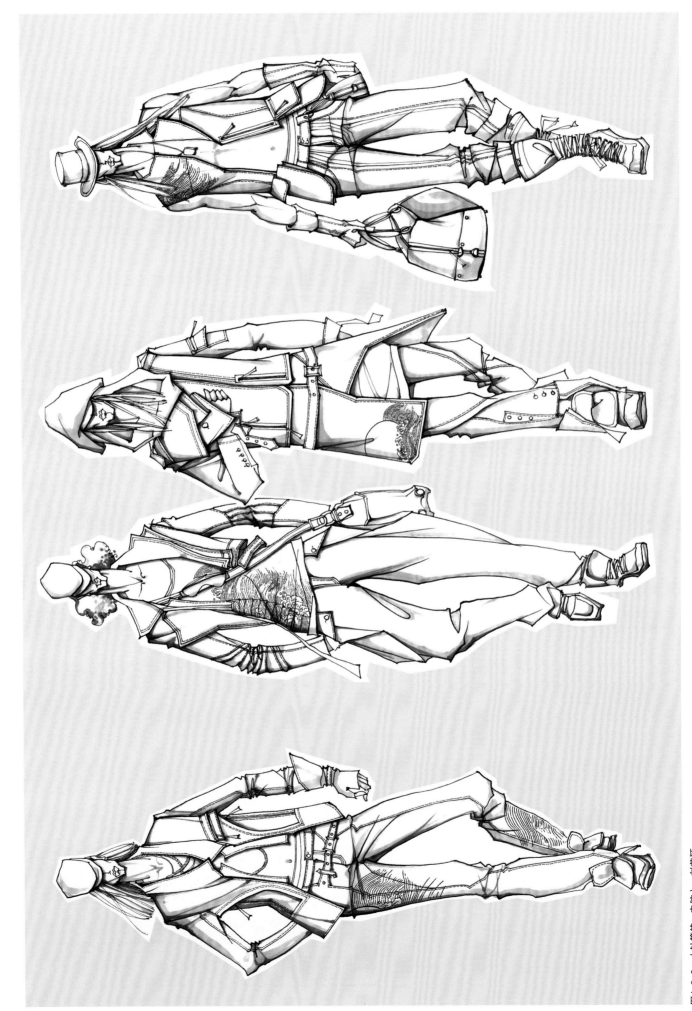

图4-2-8 （针管笔、电脑） 刘莹颖
作品《对接》获第十三届 "中华杯" 国际时装设计大赛中南赛区总决赛铜奖

灵感来源氛围图和设计说明
Inspiration and design specifications

背面结构图（含尺寸）

灵感来源&设计说明

结构图（含尺寸）

设计说明

家乡的老人常用晒干后的玉米叶编织成容器或坐垫等。于是我萌生了将玉米叶运用到服装上的想法。风干后的玉米叶，不易变质变色，质地柔软，可塑性强。此系列服装均采用玉米叶为材料，并通过编织、染色、熨平、撕碎等工艺处理呈现出不同的形态和肌理效果，变换成各种造型。同时将玉米叶这种天然材料达到废物利用，十分环保。向人们倡导一种自然、绿色的生活态度。

和服是日本的传统服饰，最初由汉服演变形成以传统服饰为灵感元素，武士服的硬朗和和服的柔美相融合。用针织和皮革，腾来表现，时尚中带有一丝传统。

图4-2-9 枯 首届"楚天杯"工业设计大赛

图4-2-10 雾涣·风月 第二届"楚天杯"工业设计大赛

图4-2-11 温馨 中国国际青年裘皮服装设计大赛 铜奖

图4-2-12 （针管笔、彩铅、水彩） 王莹莹

（2）绘画手法

一般就是手绘与电脑绘制，可以根据自己的爱好、特长选择相应的表现方法。

（3）结构图

结构图又称款式图，通常在参赛中起到清楚表现服装正反面结构的作用。在参赛中结构图究竟要画成什么样？这就要通过效果图表现的服装是否清楚来决定。

效果图款式越明确，款式图就可以放松地画得粗一些，要是效果图表现得不是很清楚，那就要慢慢地绘制了。

（图4-2-13～图4-2-15）

图4-2-13　参赛效果图中的结构图　（水彩、水粉纸）　陈妮

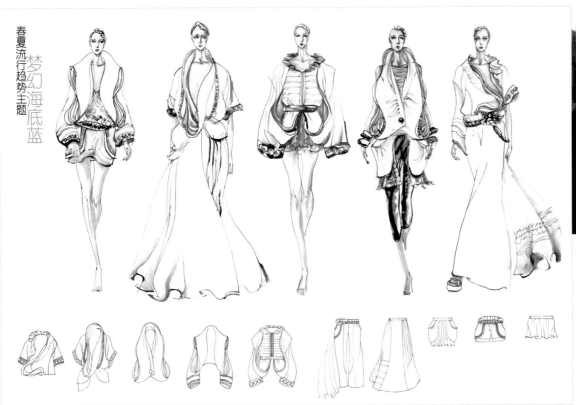

春夏流行趋势主题

梦幻海底蓝

图4-2-14　面料小样

图4-2-15　绮丽杯新人奖服装设计大赛新人奖　温馨

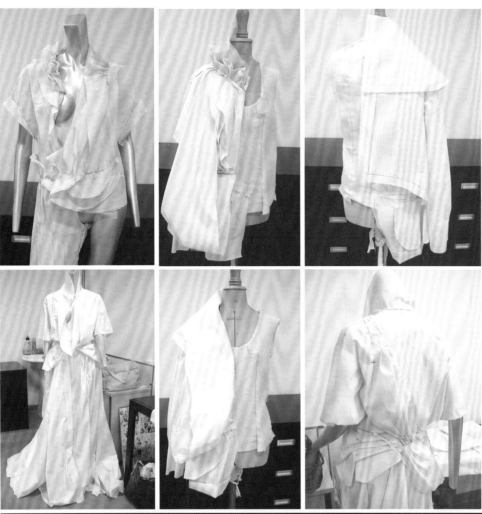

（4）面料小样

面料小样有时候也可以成为入围的秘密武器。如果能把面料小样做得比较精细与特别，在一定程度上可以给效果图加分。（图4-2-16）

图4-2-16　绮丽杯新人奖服装设计大赛　新人奖　温馨

4.3　时装广告与插画中的时装画

时装广告画与插图是指那些在报纸、杂志、橱窗、阅报栏、招贴栏等处，为某时装品牌、设计师、时装产品、流行预测或时装活动专门绘制的时装画。它注重艺术性，强调艺术形式对主体的渲染作用，依靠时装艺术的感染力去征服观者。有的时装插画家笔下的时装画，实质上是一张纯粹的绘画作品，是绘画艺术与时装艺术的高度统一；有的则相当精练、简洁；有

的看上去就如同一幅完美的艺术摄影照片。

下面就为大家介绍几位新锐时尚插画家及其作品。

1. 杰森·布鲁克斯（Jason Brooks）

1969年出生于英格兰南部海岸布莱顿码头的杰森·布鲁克斯是当代时尚插画界的杰出代表。他的作品风格已经成为欧美各大时尚杂志的插画主流。他的作品色彩明快、格调优雅，处处洋溢着现代都市文

化时尚和富足的中产阶级气息。画中的汽车、别墅、酒吧、派对、时装以及城市白领们都被装点在大胆、明快、对比强烈的波普色块中，闪烁着物质丰厚、生活惬意的光彩。布鲁克斯以轻松、洗练的笔触描绘出现代人的都市生活。他的插画时髦、高雅、极具魅力，充满了富裕、骄傲的小资情调和浓重的商业味道。（图4-3-1、图4-3-2）

图4-3-1　时尚妩媚的造型人物

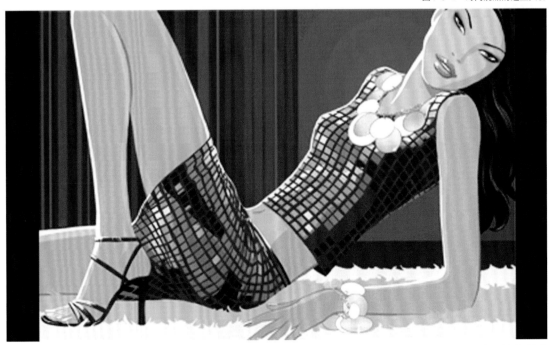

图4-3-2　时尚妩媚的造型人物

2. 格拉汉姆·伦斯威特（Graham Rounthwaite）

伦斯威特的时尚插画风格是近年来街头文化的典型代表。其作品线条简洁流畅，色调低沉淡雅，并常常选用街头青年作为主体人物形象，画面或辅以硬朗的涂鸦字体，或衬有写实的城市建筑背景，带有强烈的街头风格。这些从电视、广告语、街头招贴、朋克文化中吸取灵感的插画生动地表现了当代年轻人的精神面貌和街头时尚的流行风潮。伦斯威特从英国伦敦皇家艺术学院毕业后，曾经担任《TRACE》杂志的艺术指导，现在则是《THE FACE》的艺术指导。为"Levi's"牛仔裤所做的平面广告插画便是其代表画作。这位经常闲逛于伦敦街头来寻找灵感的插画家希望自己的作品"对街上的典型年轻人有一些意义，并且能反映出他们的渴望。"（图4-3-3、图4-3-4）

图4-3-3 街头休闲的时尚风格

图4-3-4 街头休闲的时尚风格

3．Ed Tsuwaki

1966年生于广岛的日本设计师Ed Tsuwaki以线条流畅的长颈大眼女郎形象最为著名。自学成才的他从1994年开始用电脑作画，并在赤坂举办了首次个人作品展。最初，他主要从事人体彩绘等技术要求较高的绘画工作，后来逐渐转向以广告、唱片封套等为重的设计含量较多的画风，并最终形成了现在的风格，即以通过电脑绘画软件Freehand创作的充满活力的造型与常用手法相结合。他认为："从事插画创作，就像是在给另一个我注入生命。"

除了以上介绍的这些时装插画界的佼佼者以及他们所代表的风格流派以外，还有更多的新锐艺术家和更新形式的插画艺术在不断寻找崭露头角的机会。这些新生代的时装插画家们也许还不是世界上最知名、最伟大的艺术家，但他们绝对是富于个性和新锐精神的时代先锋。他们的作品或许还存在许多值得推敲或颇受争议的地方，但一定能引起当代人的关注和思考。他们的出现代表了世界时装插画领域的蓬勃生机和大胆创新，而与时代的紧密联系、对创意的永恒追求和对自身的不断突破则是他们获得成功的砝码。

（图4-3-5～图4-3-8）

图4-3-7　纤细个性的夸张风格

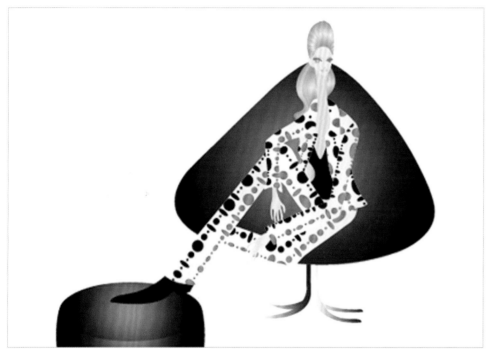

图4-3-5　纤细个性的夸张风格

图4-3-6　纤细个性的夸张风格

图4-3-8　纤细个性的夸张风格

直至今天，新生代的时装插画仍然以诸如《VOGUE》、《THE FACE》、《W》、《i-D》、《Wallpaper》、《Visionaire》、《Max》等个性鲜明的时尚杂志和出版物为舞台，向大众展示画家的个性和理念。它们或是犀利坦荡，透着无畏与智慧；或是快乐幽默，带着戏谑和轻松。无论是黑色、叛逆的街头风格，还是优雅、奢华的时尚派别，对于这些执著于创意的年轻时装插画先锋者来说，每一幅作品都是理想与激情的碰撞，都是视觉艺术在现实生活中的实验。（图4-3-9～图4-3-17）

在这多元纷繁的读图时代，时装插画已经成为新一代消费群体表达个人审美观念的利器。原本从属于商业宣传的时装插画依托科技的进步重新包装，并成为网络时代最新型的视觉艺术之一。它们丰富和创造了时尚的视觉形象语言，影响并改变着人们观察世界、品味时装的方式。

图4-3-9　极具装饰感的饰物表现

图4-3-10　面料拼贴手法

图4-3-11　带有生活气息的时尚感

图4-3-12　省略写意的线描画法

图4-3-13　手绘线条与电脑上色

图4-3-14　水彩写意表现风格

图4-3-15　用Painter软件绘制的时尚插画

图4-3-16　用Painter软件绘制的时尚插画

图4-3-17　电脑绘制与面料拼贴结合

参考书目

1. （美）Bill Thames. 美国时装画技法. 北京：中国轻工业出版社，2006

2. 庞绮. 时装画表现技法. 南昌：江西美术出版社，2004

3. 钟蔚. 时装设计快速表现. 武汉：湖北美术出版社，2007

4. 陶音，陶宁. 时装设计效果图精解. 杭州：浙江人民美术出版社，2003

5. （美）史蒂文·斯提贝尔曼. 美国经典时装画技法. 北京：中国纺织出版社，2003

6. （日）矢岛功. 矢岛功时装画作品集. 南昌：江西美术出版社，2001

7. 邹游. 时装画与时装效果图. 北京：中国青年出版社，2006

8. 穿针引线服装论坛http://www.eeff.net